BIANDIANZHAN WEIJI BAOHU RUMEN
——YUANLI JI CHENGXU LUOJI

变电站微机保护入门
——原理及程序逻辑

苏海霞　主　编

中国电力出版社
CHINA ELECTRIC POWER PRESS

内 容 提 要

本书主要介绍变电站各主要设备的保护原理和微机保护逻辑程序。全书分为 12 章，主要内容包括微机保护装置的硬件及软件原理，选相元件、过电流保护、线路距离保护、线路纵联保护、变压器保护、母线与断路器失灵保护、电力电容器及高压电抗器保护线路自动重合闸、低频减载装置及备用电源自动投入的原理及程序逻辑，以及 500kV 变电站保护配置。

本书在介绍变电站中各主要设备的保护动作过程时，全部用微机保护的程序逻辑表达，而不使用常规布线逻辑保护图，可以使读者跳过常规布线逻辑保护的过程，直接进入对微机保护的理解和使用。

本书可供变电站继电保护新入职人员阅读使用，也可供大专院校相关专业师生阅读参考。

图书在版编目（CIP）数据

变电站微机保护入门：原理及程序逻辑 / 苏海霞主编.
—北京：中国电力出版社，2014.10（2023.8 重印）
ISBN 978-7-5123-6241-3

Ⅰ．①变… Ⅱ．①苏… Ⅲ．①变电所－微型计算机－继电保护装置 Ⅳ．①TM63②TM774

中国版本图书馆 CIP 数据核字（2014）第 168691 号

中国电力出版社出版、发行
（北京市东城区北京站西街 19 号　100005　http://www.cepp.sgcc.com.cn）
三河市万龙印装有限公司
各地新华书店经售
*
2014 年 10 月第一版　2023 年 8 月北京第五次印刷
710 毫米×980 毫米　16 开本　15 印张　254 千字
印数 5501—6000 册　定价 **45.00** 元

编 写 委 员 会

主　编　苏海霞

副主编　余晓东　曲　欣　王修庞

参　编　柳　青　张海丽　李许静

　　　　汪　洋　王若星　罗　虎

前　言

　　变电站是电力系统的重要组成部分，其安全、稳定运行对电力系统有着至关重要的作用，变电站继电保护装置为变电站的安全稳定运行提供了可靠保障。变电站继电保护装置经历了电磁型、整流型、晶体管型和集成电路型，现今微机型继电保护装置已在电力系统中普遍应用。因此，从事变电站继电保护相关工作人员必须要了解微机型继电保护装置的技术和原理，熟悉其功能、特性，并能够熟练掌握操作盒应用。基于上述原因，作者总结多年从事电力系统继电保护的教学和科研经验，编写了《变电站微机保护入门——原理及程序逻辑》。

　　本书集合当前变电站微机型继电保护的实践成果，以理论为基础，引入微机保护程序逻辑框图，力求较为全面、系统地阐述变电站各种设备的保护原理和微机保护逻辑程序，以期读者可以更好地理解和掌握变电站微机保护装置知识。

　　本书共分十二章，主要内容包括微机保护装置的硬件及软件原理，选相元件，过电流保护、线路距离保护、线路纵联保护、变压器保护、母线与断路器失灵保护、电力电容器及高压电抗器保护、线路自动重合闸、低频减载装置及备用电源自动投入的原理及程序逻辑；第十二章考虑到500kV变电站越来越多，其主接线方式及继电保护配置有着独特的要求，因此对500kV变电站不同于其他变电站的继电保护内容进行了单独介绍。

　　本书由国网河南省电力公司技能技术培训中心苏海霞主编，国网河南省电力公司检修公司余晓东、曲欣、王若星、罗虎、柳青、汪洋、李许静、张海丽及国网河南省电力公司南阳供电公司王修庞等同志参与编写。

　　本书可供变电站值班人员、运行维护人员培训学习使用，也可作为继电保护人员，电网调度人员的参考书籍。

　　由于编者水平有限，书中难免存在缺点、错误，恳请读者批评指正。

苏海霞

2014 年 10 月 1 日

目　录

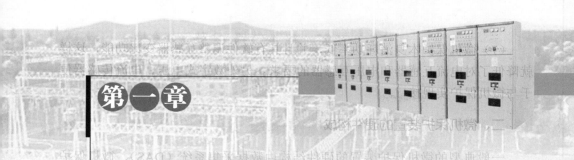

第一章

微机保护装置硬件原理

第一节　微机保护特点及硬件组成

一、微机保护装置的特点

微机保护与常规保护相比具有如下特点：

（1）微机保护装置除硬件元件外，还必须具备相应的软件，因此微机保护可以实现智能化。

（2）调试维护方便。微机保护装置由于具有友好的人机界面，依靠软件可在较短的时间内完成调试工作，特别是某些保护具有调试仪器，除交流变换部分，可自动对保护的功能进行快速检查。

（3）可靠性高。微机保护装置可利用程序对其硬件进行在线自检，一旦发现故障，立即闭锁出口跳闸回路，同时发出故障告警信号。对于软件的异常及干扰的影响，可自动识别并排除。因此，与常规保护相比，微机保护装置的可靠性大大提高。

（4）易于获得各种附加功能。例如微机保护可以进行故障类型判别，故障测距，故障录波，事件记录，判断电压互感器二次是否断线等。微机保护还可以做到硬件和软件资源共享，在不增加任何硬件的情况下，只需增加一些软件就可以很方便地附加自动重合闸和低频减载功能。

（5）具有网络通信功能。可适应无人值守或少人值守的自动化变电站。

（6）新产品的研制和开发周期缩短。继电保护的发展有两个方面，一方面是保护原理，另一方面是保护装置。由于计算机软件具有方便改写的特点，保护的性能可以通过研究许多新的保护原理来得到改善。而且许多新原理的算法，在常规保护中很难或根本不可能用硬件。

（7）微机保护本身消耗功率低，并且具有软件调整互感器变比功能，这样就降低了对电流互感器和电压互感器的要求。另外数字式电压、电流传感器便于与微机保护实现接口。

二、微机保护装置的硬件构成

一般典型的微机保护装置的硬件结构由数据采集系统（DAS）、微机保护系统和微机管理系统、开关量输入/输出电路和稳压逆变电源四部分构成，其结构如图 1-1 所示。

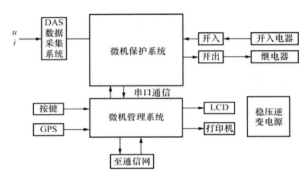

图 1-1　微机保护装置的硬件构成框图

（一）数据采集系统

数据采集系统把电压互感器和电流互感器二次的电压、电流信号变换为数字信号，供微机系统使用。

（二）微机系统

微机系统是将数据采集单元输出的数据进行分析处理，完成各种继电保护的测量、逻辑和控制功能，它包括微处理器（CPU）、只读存储器、随机存储器、时钟（CLOCK）等元件。并通过通信接口与外部通信系统联系，将保护的各种信息上传给变电站微机监控系统，接收集控站、调度所的控制和管理信息等。保护微机系统有多微机系统，也有单微机系统。

存储器用来存放程序、数据和中间运算结果。微机保护常用的存储器有 EPROM、E^2PROM、FLASH 和 RAM。

EPROM 是紫外线擦除的可编程只读存储芯片，要改写 EPROM 中内容，必须将原来的内容取出，用紫外线照射擦除 EPROM 中原有内容，再用专用写入电路写入新内容。改写比较麻烦，故一般用于存放不常改动的程序，如微机管理程序和保护功能程序。

E²PROM 是电擦除、电改写的只读存储器芯片。它可在 5V 单电源下反复读写，无须专用写入电路，因此 E²PROM 适合用于存放保护定值。

许多新开发的保护装置采用闪烁存储器（flash memory）作为程序存储器。相对于 EPROM 和 E²PROM，其优点在于存储量巨大，写入速度快，并可现场编程。

随机存取存储器 RAM 中的内容可根据需要随时写入或读取。写入时，原内容既被擦除，断电后，RAM 中内容也随之丢失。因此，RAM 中的内容是暂存的，包括待打印的内容、循环存入的采样报告、由 E²PROM 中读出的定值、程序执行中的标志位和中间结果等。

时钟模块为保护装置的各种事件记录提供时间基准，是微机保护装置本身工作、采样以及与电力系统联系的时间标准。它具有独立的振荡器，由专用的电池供电，故装置停电时，时钟电路仍能运行。整个微机保护装置的时钟必须是统一的，其标准是硬件时钟。在微机系统中，一般每隔一定时间，要通过串行口由标准时钟统一各 CPU 插件的时钟。此外，装置还具备接受 GPS 全球定位系统的秒脉冲的接口，具备较完善的通信网络。

（三）开关量输入/输出电路

开关量输入/输出电路完成各种外部开关量输入；保护出口跳闸、信号显示、打印、报告等功能。

（四）稳压逆变电源

微机保护系统对电源要求较高，通常这种电源是逆变电源，即将直流逆变为交流，再把交流整流为微机系统所需的直流电压。它把变电所的强电系统的直流电源与微机的弱电系统电源完全隔离开。通过逆变后的直流电源具有极强的抗干扰水平，对来自变电所中因断路器跳合闸等原因产生的强干扰可以完全消除掉。

微机保护装置输入工作电压为直流 220V 或 110V，其输出有 5V、±12V、±15V 和 24V。其中 5V 供微机系统使用，±12V 或 ±15V 供数据采集系统使用，24V 供继电器回路使用。

第二节　微机保护数据采集系统

微机保护硬件核心组成部分是计算机系统，计算机只能接受数字量，对于来自电流互感器或电压互感器二次侧的模拟电气量无法接受。因此，必须配置相应的硬件电路，即数据采集系统，将模拟电气量转换成对应的数字量，供继电保护功能程序使用，以实现对电气设备的保护。

目前微机保护数据采集系统主要有两种：一种是采用逐次逼近原理的 A/D 芯片构成的数据采集系统，即 ADC 式数据采集系统；另一种是采用 VFC 芯片构成的积分式数据采集系统，即 VFC 式数据采集系统。

一、ADC 式数据采集系统

采用模数变换芯片（A/D），直接将模拟量变换为数字量的模数变换方式称为 ADC 型模数变换方式，采用此种变换方式的数据采集系统称为 ADC 式数据采集系统。采用逐次逼近 A/D 芯片构成的典型数据采集系统框图如图 1-2 所示，它由电压形成回路、模拟低通滤波器、采样保持器、多路转换开关、A/D 芯片构成。

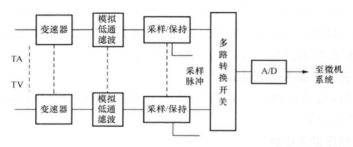

图 1-2　ADC 数据采集系统构成框图

1. 电压形成回路

通常微机保护装置的 A/D 转换器的输入电压范围为 ±2.5V、±5V 或 ±10V。而电压互感器二次侧额定电压为 100V，电流互感器二次额定电流为 5A 或 1A，这个数字远远超过微机保护装置所要求的输入电压，因此必须对输入的电压、电流信号进行处理。电压形成回路的作用就是把来自电压、电流互感器的电压、电流信号变换成满足 A/D 转换器量程要求的电压信号，并把电流量变换为电压量，以达到电平配合的目的。电压形成回路的主要元件是变换器，微机保护根据不同需要，有电流变换器、电压变换器和电抗变换器。

交流电流的变换一般采用电流变换器，并在其二次侧并联电阻以取得所需电压。电流变换器最大的优点是，只要铁芯不饱和，其二次电流及并联电阻上电压的波形就可基本保持与一次电流波形相同且同相，即可以做到不失真变换。但是电流变换器在非周期分量作用下容易饱和，线性度差，动态范围也小。

电抗变换器铁芯带有气隙，因而不易饱和，线性范围大，且具有移相作用。它会抑制直流分量，放大高频分量，因此二次侧的电压波形在系统暂态过程中将发生畸变。在微机保护中电抗变换器的使用范围并不多，但有时在暂态时需变换输入波形，就要采用电抗变换器的特性。

电压/电流变换器的主要作用是：

（1）将电压互感器的二次电压、电流互感器的二次电流进一步变换为适合 A/D 芯片的信号。

（2）起到隔离的作用。

（3）在变换器的一、二次侧加屏蔽层，有利于抗干扰。

2．模拟低通滤波器

在给定时刻，对连续时间信号进行测量的过程，称为连续时间信号的采样。相邻两个采样时刻的时间间隔称为采样周期，通常用 T_s 来表示，T_s 的倒数称为采样频率 f_s。在微机保护装置中，对电压和电流量的采样是以等间隔来采样的。采样频率的正确选择是微机保护硬件和软件设计中的一个关键问题，需要考虑多种因素。首先，根据采样定理的要求，采样频率必须大于原始信号中最高频率的 2 倍，否则将造成频率混叠现象，采样后的信号不能真实代表原始信号；其次，采样的最高频率受到 CPU 的速度、被采集的模拟信号的路数、A/D 转换后的数据与存储器的数据传送方式等的制约。

电力系统在故障的暂态期间，电压和电流含有较高的频率成分，如果要对所有的高次谐波成分均不失真地采样，那么其采样频率就要取得很高，这就对硬件速度提出很高要求，使成本增高，而且也不现实。目前大多数微机保护原理都是反映工频分量的，或者是反映某种高次谐波分量，可以在采样之前将最高信号频率分量限制在一定频带之内，即限制输入信号的最高频率以降低 f_s，这样一方面降低了对硬件的速度要求，另一方面对所需的最高频率信号的采样也不至于发生失真。为了降低采样频率，可在采样之前选用一模拟低通滤波器，将频率高于采样频率一半的信号滤除。例如，当采样频率是 1000Hz，即交流工频 50Hz 每周采 20 个点，则模拟低通滤波器应将 500Hz 及以上频率的信号滤除。

模拟低通滤波器一般为一阶或两阶的 RC 阻容滤波器，如图 1-3 所示。低通滤波器的幅频响应特性如图 1-4 所示。

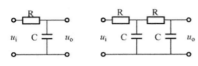

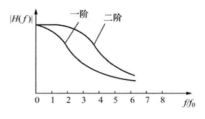

图 1-3　阻容式模拟低通滤波器　　　　　图 1-4　低通滤波器的幅频响应特性

3. 采样保持器

采样保持器的作用是在一个极短的时间内测量模拟输入量在该时刻的瞬时值，并在模数变换器进行转换期间内保持其输出不变，其工作原理如图 1-5 所示。

电子模拟开关 AS 受逻辑输入端采样脉冲电平控制，C_h 为外接采样保持电容。当逻辑输入端的控制信号为高电平时，AS 闭合，因阻抗变换器 I 的输出阻抗低，C_h 迅速充电到采样时刻的电压值 u_i，实现对模拟信号的跟踪采样；当逻辑输入端的控制信号为低电平时，AS 断开，因阻抗变换器 II 输入阻抗大，C_h 缓慢速放电，电路进入保持状态。

4. 多路转换开关

模数转换器 A/D 价格比较昂贵，为了节省使用 A/D 芯片和简化硬件电路，一般采用多个模拟输入信号共同使用一个模数转换器 A/D 把模拟量转换成数字量，这样就必须使用一元件把各个模拟输入信号依次接入模数转换 A/D 的输入端，这个元件就是多路转换开关。其原理框图如图 1-6 所示。

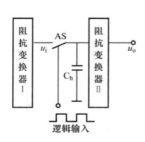

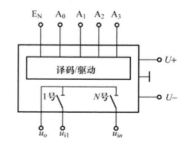

图 1-5　采样保持器工作原理示意图　　　图 1-6　多路转器开关原理框图

多路转换开关是一种电子型的单刀多掷开关，通道切换受微机控制。它把多个模拟量通道按顺序赋予不同的二进制地址，在微机输出地址信号，多路转换开关通过译码电路选通 n 地址时，对应采样保持电路的 n 号通道开关接通，

此时输出电压 $u_0=u_{in}$。

5. 模数转换器（A/D）

（1）模数变化 ADC 的一般原理。模数转换器可以认为是一种编码电路。它可以实现将模拟的输入量 U_A 相对于参考电压 U_R 经过一个编码电路转换成数字量 D。用二进制表示为

$$D = B_1 2^{-1} + B_2 2^{-2} + \cdots + B_n 2^{-n}$$

式中　$B_1 \sim B_n$——二进制的数 0 或 1。

其中 D 是一个小于 1 的数。$D=U_A/U_R$。从而，模拟信号可表示为

$$U_A=DU_R$$
$$U_A \approx U_R(B_1 2^{-1} + B_2 2^{-2} + \cdots + B_n 2^{-n})$$

由于编码电路的位数总是有限的，因此在用二进制数码表达模拟输入量时，不可避免地存在着一定的舍入误差。显然，模数转换器的编码位数或称转换位数越多，其误差就越小。

（2）模数变换器（ADC）原理。微机保护用的模数变换器绝大多数是应用逐次逼近法的原理实现的，如图 1-7 所示。在转换一开始，控制器首先在数码设定器设定一个数字量，这个数字最高位设为 1，其余位设为 0（例如 100…00）。该数码经 D/A（数模转换器）转换为与其对应的模拟电压量 u_o，再将该电压与输入的模拟量电压 u_i 相比较，如 $u_o<u_i$，则保留设定的数字量的最高位的 1，然后将次高位设为 1（110…00），经 D/A 转换为对应的模拟电压量 u_o，再将该电压与输入的模拟量电压与 u_i 相比较；如 $u_o<u_i$，则设定的次高位为 1（110…00），如 $u_o>u_i$，则设定的次高位变为 0（101…00）。重复这一过程，直至将数字量的所有位确定下来。

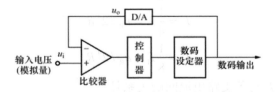

图 1-7　逐次比较式 A/D 转换原理

逐次逼近式的模数变换器的重要技术指标包括：

1）分辨率，即 A/D 转换精度，它主要取决于设定数码的最小量化单位。A/D 输出的数字量位数越多，最小量化单位越小，分辨率越高，转换出的数字量舍入误差越小，A/D 转换精度越高。

2）A/D 转换速度，指模数转换器完成一次将模拟量转换为数字量所需要的时间。通常分辨率越高，其转换速度就相对降低。

若要求分辨率和转换速度都很高，则芯片的成本就十分昂贵。

（3）数模变换器（DAC）原理。数模变换器的作用是将数字量经过解码电路转换成对应的模拟电压量输出。数字量的大小是按二进制数码的位权组合表示。其中数字量为 1 的每一位的大小为该位的权重。将所有为 1 的位权按权重相加就代表了这个数字量的大小。

图 1-8 是一个简单的 4 位数模变换器的原理电路图。图中电子开关 S1～S4 分别受控于输入的二进制数码 B1～B4。其数码就是数码设定器的输出。当其中某位为 0 时，对应开关接地；为"1"时，对应开关接至运算放大器 A 的反相端。

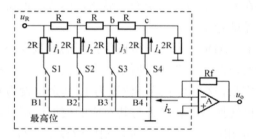

图 1-8　数模变换器（DAC）原理图

根据电路中的分流定理，可以得出各支路电流表达式

$$I_1 = u_R / 2R$$

$$I_2 = \frac{1}{2}I_1 = u_R / 2^2 R$$

$$I_3 = \frac{1}{4}I_1 = u_R / 2^3 R$$

$$I_4 = \frac{1}{8}I_1 = u_R / 2^4 R$$

所以总电流 I_Σ 与各支路电流间的关系是

$$I_\Sigma = B_1 I_1 + B_2 I_2 + B_3 I_3 + B_4 I_4$$

$$= \frac{u_R}{R}(B_1 2^{-1} + B_2 2^{-2} + B_3 2^{-3} + B_4 2^{-4})$$

$$= \frac{u_R}{R}D$$

则数模转换器输出的模拟电压 u_o 可表示为

$$u_o = I_\Sigma R_f = R_f u_R D / R$$

至此，完成了将数字量 D 转换成模拟电压 u_o 的工作。

二、电压频率变换式（VFC）数据采集系统

电压频率变换式（VFC）数据采集系统的组成如图 1-9 所示，主要包括变换器、浪涌吸收器、电压频率变化式转换器 VFC、光电隔离、计数等环节。

图 1-9　VFC 数据采集系统的组成框图

1. 变换器

作用与 ADC 型模数变换式数据采集系统中的变换器相同。

2. 浪涌吸收器

为了提高微机保护装置的抗干扰能力，同时也对有关芯片起到过电压保护，设置了阻容吸收电路。

3. 电压频率变换式转换器 VFC

VFC 是该数据采集系统的核心元件。其作用是将模拟输入电压信号转换成频率随模拟输入电压的瞬时值变化而变化的一串等幅的脉冲信号。

由 AD654 芯片构成的数据采集系统如图 1-10 所示。AD654 芯片是一个单片 VFC 变换芯片，中心频率为 250kHz。其工作方式有正端输入和负端输入两种，在保护装置上一般采用负端输入方式。在芯片 3 端加–5V 偏置电压，u_i 为输入电压，R_{P1} 用来调整偏置值，使外部输入电压为零时输出频率为 250kHz，从而使输入交流电压的测量范围控制在 ±5V 的峰值内，这称作零漂调整。R_{P2} 用来调整通道的平衡度及刻度比。R_1 和 C_1 为浪涌吸收回路。输入电压 u_i 与输出脉冲频率 f 的关系如图 1-10（b）所示，可见电压 u_i 与输出脉冲频率 f 呈线性关系。

VFC 的工作原理如图 1-11 所示。当输入电压 u_i=0 时，由于偏置电压–5V 加在输入端 3 上，输出信号是频率为 250kHz 的等幅等宽的脉冲波，见图 1-11（a）。当输入信号是交变信号时，经 VFC 变换后输出的信号是被 u_{in} 交变信号调制了的等幅脉冲调频波，见图 1-11（b）。由于 VFC 的工作频率远远高于工频 50Hz，因此就某一瞬间而言，交流信号频率几乎不变，所以 VFC 在这一瞬间变换输出的波形是一连串频率不变的数字脉冲波。VFC 的功能就是将输入电压

变换成一连串重复频率正比于输入电压的等幅脉冲。VFC 芯片的中心频率越高,其转换的精度也就越高。

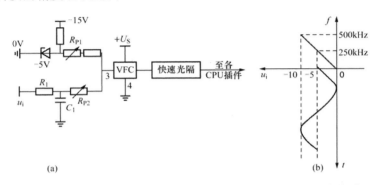

图 1-10　AD654 构成的数据采集系统电路和电压与输出频率关系
(a) 由 AD654 构成的数据采集系统电路图;(b) VFC 芯片输入电压与输出频率关系

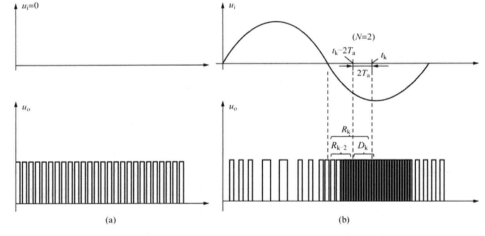

图 1-11　VFC 工作原理和计数采样
(a) $u_i=0$;(b) u_i 为交变信号

　　为了使电压频率变换式 VFC 数据采集系统得到的数字量能够不失真地反映出模拟输入电压信号中所包含的重要信息,对计数器的读值时间间隔至少要选为采样周期的 2 倍。衡量模数转换的重要指标之一是分辨率,VFC 数据采集系统分辨率主要取决于两个因素:一是芯片的最高转换频率;二是计算计数器的读值之差的时间间隔。相应的提高分辨率的途径有两种:一是增大最高转换频率;二是增加计算时间间隔值,但这样做同样增大了数据采集的延时。在数据采集系统中,转换的速度和精度总是相对的,在保护中要综合考虑转换速度和精度。

4. 光电隔离器

光电隔离器由光电隔离芯片实现模拟系统与数字系统的隔离，具有抗干扰的作用。6N137快速光隔芯片机构如图1-12所示。

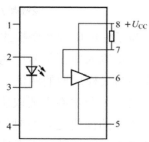

图1-12　6N137快速光隔芯片结构

VFC输出的频率信号是数字脉冲量。该数字脉冲输入光隔芯片的快速发光二极管时，对应每一个脉冲发出一个光脉冲，当光脉冲照射在光隔芯片内输出放大器的快速光敏三极管基极时，三极管的基极电流突然增大，三极管立即导通，使输出放大器输出一个同相脉冲。由于发光二极管及光敏三极管均具有快速响应特性，因此能适应VFC输出的高频脉冲要求。所以光隔芯片的输入与输出波形完全相同几乎没有相位移动。光隔电路实际上是光电耦合电路，在这电路上输入与输出既无电的联系，也无磁的联系，起到了极好的抗干扰与隔离作用。

5. 计数器

计数器由可编程的计数器芯片构成。通常为16位计数器。在单片机的干预下，在每次采样中断中，读取计数器计数值，并将前 n 个采样中断的计数值与当前的计数值相减，得数代表了此期间内模拟输入交流电压信号的积分值。

例如，设计计算器装入的初值为1000（为便于理解，以十进制数据表示），则每隔一个脉冲计数器的值从初值减1，经过采样间隔 T_S 时间，读下一个计数器的值，如读得的计数器值为950，则说明在这个 T_S 期间，有50个脉冲输入到计数器，再经过一个 T_S 间隔，再读一次计数器的值，如为850，则说明这个 T_S 期间有100个脉冲输入。此过程一直进行下去，就是采样过程。需要说明的是，这些数值与输入的模拟量信号无对应关系。在需要计算时取相邻 N 个采样间隔的计数器值相减，其差值为 NT_S 期间的脉冲数，此脉冲数与 NT_S 期间内模拟信号的积分值具有对应关系。

如图1-11（b）所示，t_k 时刻读得计数器的数值是 R_k，t_k-NT_S 时刻读得计数器的数值是 R_{k-N}，N 为采样间隔，根据采样定理，对计数器进行读值的时间间隔至少要为采样周期的2倍。在这里我们选取 $N=2$，则 t_k-2T_S 时刻读得计数器的数值是 R_{k-2}，在 $2T_S$ 期间内计数器的脉冲个数 $D_k=R_{k-2}-R_k$，此脉冲数对应 $2T_S$ 期间模拟信号的积分，$D_k=$ 取整数 $\left[K_f \int_{t_k-2T_S}^{t_k} u(t)\mathrm{d}t \right]$，$K_f$ 是VFC芯片的转换常数，$u(t)$ 是输入VFC芯片的模拟电压信号。通式为

$$D_k=\text{取整数}\left[K_f\int_{t_k-NT_s}^{t_k}u(t)\mathrm{d}t\right]$$

为了使电压频率变换式 VFC 数据采集系统得到的数字量能够不失真地反映出模拟输入电压信号中所包含的重要信息，对计数器进行读值的时间间隔至少要为采样周期的两倍。衡量模数转换的重要指标之一是分辨率，VFC 数据采集系统分辨率主要取决于两个因素：一是芯片的最高转换频率；二是计算计数器的读值之差的时间间隔。提高分辨率的途径有两种：一是增大最高转换频率；二是增加计算时间间隔值，但这样做同样增大了数据采集的延时。在数据采集系统中，转换的速度和精度总是相对的，在保护中要综合考虑转换速度和精度。

逐次逼近式数据采集系统与电压频率转换式数据采集系统各有特点。主要表现在以下方面：

（1）A/D 式芯片构成的数据采集系统经 A/D 转换的结果可以直接用于微机保护中的数字运算，而用 VFC 芯片构成的数据采集系统中，由于计数器采用了减法计数器，所以每次采样中断从计数器读出的计数值与模拟信号没有对应关系，必须将相邻几次读出的计数值相减后才能用于数字运算。

（2）A/D 式芯片构成的数据采集系统的分辨率取决于 A/D 芯片的位数，位数越高，分辨率越高。但硬件一经选定分辨率就确定了。由 VFC 芯片构成的数据采集系统的分辨率不仅与 VFC 芯片的最高转换频率有关，还与软件计算时所选取的计算间隔有关，计算间隔越长，分辨率越高。

（3）A/D 式芯片构成的数据采集系统对瞬时的高频干扰信号敏感，而 VFC 芯片构成的数据采集系统具有平滑高频干扰的作用。

（4）在硬件设计上，VFC 式数据采集系统便于实现模拟系统与数字系统的隔离，便于实现多个单片机共享同一路转换结果。A/D 式芯片构成的数据采集系统不便于数据共享和光电隔离。

（5）逐次逼近 A/D 数据采集系统中需要由定时器按规定的采样时刻，定时给采样保持芯片发出采样和保持的脉冲信号，VFC 芯片构成的数据采集系统则只需按采样时刻读出计数器的数值。

第三节　开关量输入/输出回路原理

微机保护装置在运行时，需要接收或发送一些以开关量形式出现的控制信号。输入的开关量有断路器和隔离开关的辅助触点或跳合闸位置继电器触点输入，外部装置闭锁重合闸触点输入，轻、重瓦斯继电器触点输入，装置上连接片位置输入等；输出的开关量有跳闸出口、重合闸出口及就地和中央信号出口等。

一、开关量输入回路

开关量输入信号通常可分为内部开关量和外部开关量两种。内部开关量指反映安装在微机保护装置内部触点状态的开关量；外部开关量指从微机保护装置的外部，通过接线端子排引入至微机的反映外部信号的开关量。

通常输入的开关量信号不能满足单片机的输入电平信号要求，因此需要将信号电平进行转换。为了提高保护装置的抗干扰性能，通常还需要经整形、延时、光电隔离等处理。开关量输入回路原理如图 1-13 所示。图 1-13（a）为装置内触点输入回路，内部开关量使用本装置内部提供的+5V 电源，当内部触点 S1 接通时，并行接口 PA0 为低电平，S1 断开时，PA0 为高电平；图 1-13（b）为装置外部触点输入回路，一般外部触点与保护装置的距离较远，通过连线直接引入装置会带来干扰，所以外部触点输入经过光电隔离输入。外部触点使用电源为外接 220V 直流电源，+5V 为本装置内部提供的电源。当外部触点 S2 接通时，二极管导通发出红外线光，光敏三极管接收到红外线光后导通，并行接口 PA0 为低电平，S2 断开时，二极管截止，PA0 为高电平。使用光电隔离的目的是防止外部干扰信号进入微机保护装置。

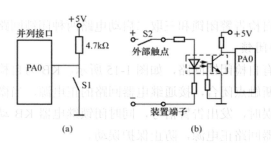

图 1-13　开关量输入回路原理示意图
（a）装置内触点输入回路；（b）装置外触点输入回路

二、开关量输出回路

开关量输出回路作用是将微机保护的数字信号转换成模拟电压信号后，驱动相应的执行元件动作，即将小信号转换为大功率输出，满足驱动输出功率的要求。为了提高抗干扰能力，开关量输出回路要经过一级光电隔离，如图 1-14 所示。图中 KCO 为保护出口继电器。保护装置发出的跳闸命令和中央信号灯都采用继电器触点输出的方式，继电器采用与微机保护系统相独立的电源，并采用光耦隔离。当保护驱动 KCO 动作时，由软件使并行口 PB0 输出 0，PB1 输出 1，则与非门 B 输出 0，发光二极管发光，光敏三极管导通，继电器 KCO 动作。若 PB0 输出为 1，PB1 输出 0，继电器 KCO 返回。该回路具有以下特点：①每一开关量输出驱动电路由两根并行口输出控制，通过反相器和与非门执行，这样一方面可提升并行输出口的带负载能力，另一方面采用反相器后要满足两个条件才能使执行元件动作，可有效地防止执行元件误动。②采用光电隔离元件，防止干扰信号窜入微机保护装置中。

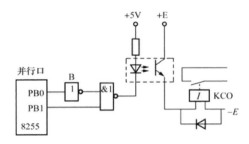

图 1-14　开关量输出回路原理

14

三、出口闭锁回路

出口闭锁有自检告警闭锁和三取二启动电路两种闭锁回路。

1. 自检告警闭锁

微机保护设有自检闭锁回路，如图 1-15 所示。KB 为自检闭锁继电器，正常运行时，其动断触点闭合，接通继电器回路的正电源，当微机保护自检发现自身有致命性错误时，发出告警信号，同时闭锁继电器 KB 动作，其动断触点断开，断开继电器回路正电源，防止保护误动。

2. 三取二启动回路

在有些微机保护装置中，设有三取二启动（闭锁）回路，即在一套微机保护装置中设有线路纵联保护、距离保护和零序保护三套保护，每套保护都有自己的启动继电器，只有在三套保护中至少有两套保护启动时，整套微机保护才可能启动。三取二启动（闭锁）回路如图 1-16 所示。KST2 为线路纵联保护启动继电器，KST3 为距离保护启动继电器，KST4 为零序保护启动继电器，三个启动继电器的各两个动合触点交叉组成三取二启动（闭锁）方式来控制跳闸负电源。这种闭锁方式防止了由于一套保护程序出错引起整套保护装置的误动作，提高了整套保护的可靠性。如需将保护改为三取一方式，可以将 LX1 和 LX2 短接，则任一保护启动即可开放保护负电源。

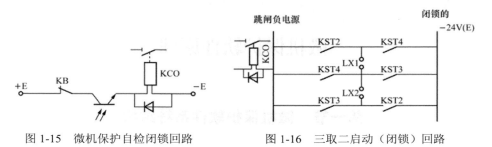

图 1-15　微机保护自检闭锁回路　　　　图 1-16　三取二启动（闭锁）回路

四、保护装置的信号电路

微机保护装置一般都设有本地信号、中央信号、远动信号、故障录波信号。本地信号为显示在装置面板上的灯光信号；中央信号是直接提供给值班员的。这两种信号都应采用动作后触点能保持，由手动复归按钮复归，对无人值守变电站，可通过远方复归命令将信号复归。远动信号和故障录波信号的触点应采用动作时闭合，跳闸命令收回后自动返回的触点。

15

第二章

微机保护软件原理

第一节　微机保护软件系统结构

微机保护的硬件分为人机接口和保护两大部分，所以相应的软件也分为接口软件和保护软件两大部分。

一、接口软件

接口软件是指人机接口部分的软件，其程序可分为监控程序和运行程序。执行哪一部分程序由接口面板的工作方式或显示器上显示的菜单选择来决定。调试方式下执行监控程序；运行方式下执行运行程序。

监控程序主要是键盘命令处理程序，是为了接口插件（或电路）及各 CPU 保护插件（或采样电路）进行调试和整定而设置的程序。

接口的运行程序由主程序和定时中断服务程序构成。主程序主要完成巡检（各 CPU 保护插件）、键盘扫描和处理及故障信息的排列和打印。定时中断主要包括：①软件时钟程序；②以硬件时钟控制并同步各 CPU 插件的软时钟；③检测各 CPU 插件启动元件是否动作的检测启动程序。定时中断每隔 1.66ms 产生一次。

二、保护软件

保护软件是根据保护原理编写的实现具体保护功能的程序，通常由主程序和中断服务程序两大部分组成，在中断服务程序中又有正常运行程序模块和故障计算程序模块，如图 2-1 所示。保护软件一般都有运行状态和调试状态两种工作状态。

1. 主程序

主程序主要完成初始化、循环自检、逻辑判断、故障处理四项任务。对同一生产厂的产品，前两个部分是完全相同的，后两个部分则因保护不同而不同了。例如，距离保护与零序保护在保护逻辑判断、故障处理方面自然不同。

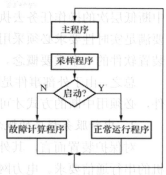

图 2-1 微机保护软件结构

主程序按固定的采样周期接受采样中断进入采样程序，在采样程序中进行模拟量采集与滤波、开关量的采集、装置硬件自检、交流电压、交流电流断线和启动判据的计算，根据是否满足启动条件而进入正常运行程序或故障计算程序。硬件自检内容包括 RAM、E^2PROM、跳闸出口三极管等。

2. 中断服务程序

中断服务程序中有正常运行程序模块和故障计算程序模块。

在故障计算程序中进行各种保护算法的计算，跳闸逻辑判断以及事件报告、故障报告及波形的整理等。根据被保护设备的不同，保护的故障计算程序也有所不同。例如 220kV 线路保护中，一般包括纵联保护、距离保护、零序保护等，变压器保护中有差动保护和后备保护等。

正常运行程序中进行采样值自动零漂调整及运行状态检查。运行状态检查包括交流电压断线、开关位置状态检查、重合闸充电、准备手合判断等。不正常时发告警信号，信号分两种：一种是运行异常告警，这时不闭锁装置，提醒运行人员进行相应处理；另一种为闭锁告警信号，告警同时将装置闭锁，断开出口继电器回路正电源。

三、中断服务程序及其配置

1. 实时性与中断工作方式概述

所谓实时性就是指在限定的时间内对外来事件能够及时作出迅速反应的特性。例如保护装置需要在限定的极短时间内完成数据采样，在限定时间内完成分析判断并发出跳合闸命令或告警信号，在其他系统对保护装置巡检或查询时及时响应。这些都是保护装置的实时性的具体表现。保护要对外来事件做出及时反应，就要求保护中断自己正在执行的程序，而去执行服务于外来事件的操作任务和程序。实时性还有一种层次的要求，即系统的各种操作的优先等级是不同的，高级的优先操作应该首先得到处理。显然，这就意味着保护装置将中断低层次的操作任务去执行高一级优先操作的任务，也就是说保护装置为了要满足实时性要求必须采用带层次要求的中断工作方式，在这里中断成为保护装置软件的一个重要概念。

总之，由于外部事件是随机产生的，凡需要 CPU 立即响应并及时处理的事件，必须用中断的方式才可实现。

2. 中断服务程序的概念

对保护装置而言，其外部事件主要是指电力网系统状态、人机对话、系统机的串行通信要求。电力网系统状态是保护最关心的外部事件，保护装置必须每时每刻掌握保护对象的系统状态。因此，要求保护定时采样系统状态，一般采用定时器中断方式，每经 1.66ms 中断原程序的运行，转去执行采样计算的服务程序，采样结束后通过存储器中的特定存储单元将采样计算结果传送给原程序，然后再回去执行原被中断了的程序。这种采用定时中断方式的采样服务程序称为定时采样中断服务程序。

保护装置还应随时接受工作人员的干预：改变保护装置的工作状态、查询系统运行参数、调试保护装置，这就是利用人机对话方式来干预保护工作。这种人机对话是通过键盘方式进行的，常用键盘中断服务程序来完成。有的保护装置不采用键盘中断方式，而采用查询方式。当按下键盘时，通过硬件产生了中断要求，中断响应时就转去执行中断服务程序。键盘中断服务程序或键盘处理程序常属于监控程序的一部分，它把被按的键符及其含义翻译出来并传送给原程序。

系统机与保护的通信要求，实际上是属于高一层次对保护的干预。这种通信要求常用主从式串行口通信来实现。当系统主机对保护装置有通信要求时，或者接口 CPU 对保护 CPU 提出巡检要求时，保护的串行通信口就提出中断请求，在中断响应时，就转去执行串行口通信的中断服务程序。串行通信是接一定的通信规约进行的，其通信数字帧常有地址帧和命令帧二种。系统机或接口 CPU（主机）通过地址帧呼唤通信对象，被呼唤的通信对象（从机）就执行命令帧中的操作任务。从机中的串行口中断服务程序就是按照一定的通信规约，鉴别通信地址和执行主机的操作命令的程序。

3. 保护的中野服务程序配置

根据中断服务程序基本概念的分析，一般保护装置总是要配有定时采样中断服务程序和串行通信中断服务程序。对单 CPU 保护，CPU 除保护任务之外还有人机接口任务，因此还可以配置键盘中断服务程序。

四、软件抗干扰措施

1. 设置上电标志

微机保护装置中的单片机均设有 RESET 引脚，即复位引脚。当装置上电时，通过复位电路在该引脚上产生规定的复位信号后，装置进入复位状态，软件从复位中断向量地址单元取出指令，程序开始运行。进入复位状态的方式除上电复位外，还有软件复位（执行复位指令）和手动复位。手动复位是指装置已上电，操作人员按下装置复位键进入复位状态的情况。上电复位称为冷启动，手动复位称为热启动。冷启动时需进行全面初始化，热启动只需部分初始化。

2. 指令冗余技术

（1）在单字节指令和三字节指令的后面插入两条空操作（NOP）指令，可保证其后的指令不被拆散。在由于干扰造成程序脱离正常轨道（即"出格"）时，可能使取指令的第一个数据变为操作数，而不是指令代码。

（2）对重要指令重复执行。

3. 软件陷阱技术

软件陷阱技术就是用引导指令强行使脱离正常运行轨道的程序进入复位地址，使程序能从初始开始执行。

单片机一般可响应多个中断请求，但用户往往只使用了少部分的中断源。在未使用的中断向量地址单元设置软件陷阱，使系统复位，一旦干扰使未设置的中断得到响应，可执行软件复位或利用单片机的软件"看门狗"使系统复位。

4. 软件"看门狗"技术

在有些单片机内部设有监视定时器。监视定时器的作用就是当干扰造成程序脱离正常轨道时使系统恢复正常运行。监视器按一定频率进行计算，当其溢出时产生中断，在中断中安排软件复位指令，使程序恢复正常运行。在编制软件时，可在程序的主要部位安排对监视定时器的清零指令，且应保证程序正常运行时监视定时器不会溢出。一旦程序脱离正常轨道，必然不会按正常顺序执行，当然，也无法使监视定时器清零。这样，经一短延时，监视定时器溢出，产生中断，使程序从开始执行。

5. 密码和逻辑顺序校核

对微机保护装置来说，出口跳闸回路是最重要的部分，在硬件和软件的设计中都十分重视其可靠性。除了在硬件上对跳闸出口电路设计了多重闭锁措施外，在软件上也设计了增加其可靠性的许多措施，主要是令跳闸出口命令采用编码逻辑，而不是简单的清零或置 1。在故障处理的各个逻辑功能模块设置相应的标志，在判为区内故障后，发出跳闸命令前，逐一校验这些标志是否正确，只有全部正确才能发出跳闸命令。

6. 软件滤波技术

在微机保护中，可采用一些软件技术消除或减少干扰对保护装置的影响。例如，根据分析相邻两次采样值的最大差别不超过 Δx，在程序中可将本次采样值与上次采样值比较，如差值大于 Δx，说明采样值受到干扰，应去掉本次采样值。对开关量的采集，为了防止干扰造成的误判，可采用连续多次的判别法。此外，根据软件的功能和要求，在不影响保护性能指标的前提下，可采用中位值滤波法、算数平均滤波法、递推平均滤波法等都有具有消除或减弱干扰的作用。

第二节　采样中断服务程序原理

采样中断服务程序主要包括采样计算，TV、TA 断线自检和保护启动元件三个部分。同时还可以根据不同保护的特点，增加一些检测被保护系统状态的程序。

一、采样计算

进入采样中断服务程序，首先进行采样计算。在计算之前应根据保护不同分别对三相电流、零序电流、三相电压、零序电压和线路电压的瞬时值同时采样；之后采用某种适当的算法分别计算出各相电压、电流的有效值、相位、频率、阻抗、功率方向等保护所需要的量，并分别存入 RAM 指定的区域内，供后续的程序调用。

微机保护零序电压的取得有两种方式：一种是从电压互感器开口三角形侧取得；另一种是从电压互感器星形接线侧测得 $\dot{U}_A$、$\dot{U}_B$、$\dot{U}_C$，再由软件根据公式 $3\dot{U}_0 = \dot{U}_A + \dot{U}_B + \dot{U}_C$ 计算得到，此零序电压也称为自产 $3\dot{U}_0$。

微机保护零序电流的取得方式有三种：①由零序电流滤过器取得；②由零序电流互感器取得；③自产 $3\dot{I}_0$，即从三相电流互感器分别取得 $\dot{I}_A$、$\dot{I}_B$、$\dot{I}_C$，

再由软件根据公式 $3\dot{I}_0=\dot{I}_A+\dot{I}_B+\dot{I}_C$ 计算得到，此零序电流称为自产 $3\dot{I}_0$。

二、TV 断线自检

在保护判断启动之前，先检查电压互感器二次回路是否断线；保护启动元件动作后，应停止检测 TV 断线。并不是所有的保护都要进行该判断，在不需要电压信号的保护中可以不用检查 TV 断线，如简单的三段式电流保护中就不需要进行 TV 断线检测。

TV 断线判据有两个：

（1）三相电压之和不为零，用于检测一相或两相断线，判据为 $|\dot{U}_A+\dot{U}_B+\dot{U}_C|>7V$。

（2）三相失压检测，有不同判断方式，不同厂家产品会采用不同方式。

1）方式一：三相电压有效值均低于 8V，且 A 相电流大于 $0.04I_n$（附加电流条件是防止 TV 在线路侧时，断路器合闸前误告警）。

2）方式二：若采用母线 TV 时，三相电压相量和小于 8V，正序电压小于某一电压值；若采用线路 TV，三相电压相量和小于 8V，任一相有流元件动作或跳闸位置继电器不动作。

满足以上任一判据，延时报"TV 断线"信号。

当线路保护装有重合闸时，重合闸整定为重合闸检同期或检无压，则要用到线路电压，还需要检测线路电压。检测方法是：线路断路器在合闸位置，线路电压小于低于一定值时，报线路 TV 断线。

三、TA 断线自检

TA 断线自检始终进行。

（1）线路保护的 TA 断线判据有：①自产零序电流与外接零序电流差值大于某一数值，延时发出 TA 异常信号；②有自产零序电流无零序电压，延时发 TA 异常信号。

（2）变压器保护 TA 断线判据有：①变压器△侧出现零序电流，则判断为该侧 TA 断线；②变压器 Y 侧，如为普通绕组变压器，自产零序电流与变压器中性点侧 TA 引入的零序电流差值超过某一数值，即判定该侧 TA 断线，延时发告警信号。

TA 断线可根据不同保护要求闭锁或不闭锁保护。

四、启动元件

为了提高保护装置的可靠性，保护装置的出口均经启动元件闭锁，只有在保护启动元件动作后，保护装置出口闭锁才能被解除，即保护启动元件用于开放保护跳闸出口继电器的电源及启动该保护故障处理程序。图 2-2 为一简单三段式过电流保护逻辑图，图中 XB1、XB2、XB3 分别为电流Ⅰ、Ⅱ、Ⅲ段保护功能投入软压板，KCT 是跳闸位置继电器，APR 是重合闸已充足电，I_{L3} 是过流三段电流值，I_{LF} 是过负荷电流值，KST 是保护启动元件，KCB 是自检闭锁继电器，KCO 是保护出口继电器。当线路故障短路电流值超过过流三段定值或超过负荷电流值时，启动 KST，保护进入故障处理程序，同时其动合触点闭合，开通跳闸回路正电源。在保护装置中利用资源共享，都加有重合闸功能，所以加有 KCT 和 APR 回路，重合出口合闸回路同样经 KST 动合触点接通正电源。

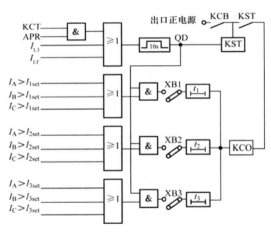

图 2-2　简单三段式过电流保护逻辑图

启动元件程序可以采用多种方式来完成，一般采用的是判断电流量来使启动元件动作，如过电流启动、零序过电流启动、相电流差突变量启动等。相电流突变量启动就是求出每个采样点的相电流瞬时值与前一个工频周期相同相位的采样值之差值，如大于整定值保护就启动。根据保护要求不同，可选不同的启动方式。

五、保护定值说明

微机保护的整定值分为数值型定值和开关型定值两种。数值型定值与常规保护含义相同，如图 2-2 中，$I_A > I_{1set}$ 表示当 A 相电流大于 I 段整定电流 I_{1set} 时，输出为"1"，I_{1set} 就是数值型定值。开关型定值只有 1 和 0 两种取值，在保护定值中称为整定控制字（或称为保护软压板），当取值是 1 时相应功能有效，为 0 时相应功能无效。如在图 2-2 中，XB1 表示过电流保护 I 段投入控制字，XB1 取 1 时，动合触点闭合，过电流 I 段投入，XB1 取"0"时，动合触点断开，过电流 I 段退出。需要说明的是，图 2-2 表示的仅仅是保护程序逻辑关系，并不是电子逻辑图。因为由程序逻辑框图可以方便地改写为程序，而且这样的程序框图较为直观、简明，因此微机保护产品的原理通常都用程序逻辑框图来表示。

第三章

选 相 元 件

在高电压输电线路上，为了提高系统稳定性，采用了多种重合闸方式，其中比较广泛使用的有单相重合闸和综合重合闸。在单相重合闸方式下，线路发生单相故障时，进行单相跳闸单相重合；在综合重合闸方式下，线路发生单相故障进行单相跳闸单相重合，发生相间故障时进行三相跳闸三相重合。在模拟式线路保护与综合自动重合闸配合使用时，综合自动重合闸的保护接入回路设有N、M、P和Q端子，另有R三跳端子在操作箱内，保护动作后经综合重合闸跳闸出口，因此判断选择故障相的任务由设置在综合自动重合闸装置中的选相元件完成，而在线路保护装置中不设置选相元件。在微机线路保护中，各种保护功能逻辑均由软件算法实现，要完成选相功能并不需要增加硬件，只需增加软件模块就行。因此，微机线路保护中大多设有选相元件，在线路发生故障时各保护可以由自己的选相元件选择出故障相，而不再由综合重合闸选相跳闸。

实现选相功能有很多种方法，可以用相电流或相电压选相，用序电流或序电压选相，用阻抗选相，用电流或电压突变量选相，等等。每一种原理的选相元件都或多或少存在不足，例如，相电流选相元件原理简单但仅适用于电源侧，容易受到负荷电流和系统运行方式影响；相电压选相元件仅适用于短路容量特别小的线路一侧以及单电源线路的受电侧；阻抗选相元件易受故障过渡电阻和负荷电流的影响，序分量选相元件和突变量选相元件受故障分量的影响较大。因此要准确可靠选出故障相别，往往需要多种原理的选相元件共同工作选出故障相别。

第一节　序电流选相

系统正常运行时，如果不考虑负荷不平衡等原因，线路电流基本处于对称状况，线路各相电流只有正序分量，没有零序和负序分量；而在系统发生不对称故障时，电流量中会出现零序、负序分量。

一、单相接地故障时零序电流与负序电流的关系

图 3-1 所示为分别发生 A、B、C 相单相接地短路时，各序电流分量的相位关系，图中以零序电流的相位方向为 0°。

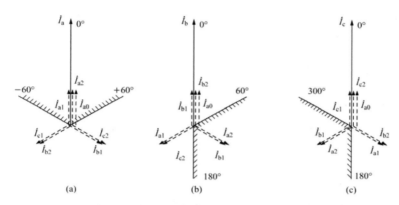

图 3-1　单相接地短路时短路电流序分量图
（a）A 相接地；（b）B 相接地；（c）C 相接地

在两相断线单相运行时，各序电流的相量图也如图 3-1 所示，A 相单相运行时如图 3-1（a）所示，B 相单相运行时如图 3-1（b）所示，C 相单相运行时如图 3-1（c）所示。

二、两相接地短路时零序电流与负序电流的关系

图 3-2 所示为发生不同相金属性接地短路时各序电流相位关系，图中仍以零序电流的相位方向为 0°。

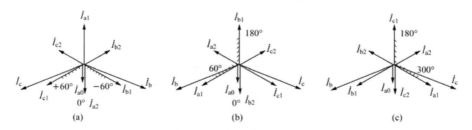

图 3-2　相间接地短路时短路电流序分量图
（a）BC 相接地；（b）AC 相接地；（c）AB 相接地

在一相断线两相运行时，各序电流的相量关系也如图 3-2 所示，BC 两相运行时如图 3-2（a）所示，AC 两相运行时如图 3-2（b）所示，AB 两相运行时如图 3-2（c）所示。

三、序电流选相原理

从图 3-1 和图 3-2 可见，在 A 相接地短路、A 相单相运行、BC 两相接地短路、BC 两相运行时，$\arg(I_0/I_{a2})=0°$；在 B 相接地短路、B 相单相运行、AC 两相接地短路、AC 两相运行时，$\arg(I_0/I_{a2})=120°$；在 C 相接地短路、C 相单相运行、AB 两相接地短路、AB 两相运行时，$\arg(I_0/I_{a2})=240°$。

序电流选相元件的原理是比较电流的零序故障分量与 A 相负序故障分量之间的相位。以 I_0 相量为基准，把 360° 分成三个区域，在 A 区，A 相接地，BC 相接地短路，$-60°<\arg(I_0/I_{a2})<60°$；在 B 区，B 相接地，AC 相接地短路，$60°<\arg(I_0/I_{a2})<180°$；在 C 区，C 相接地，AB 相接地短路，$180°<\arg(I_0/I_{a2})<300°$。需要说明的是，两相经过渡电阻接地时 I_0 和非故障相负序电流不再同相，根据上面公式可能误选两相故障相中超前相的选区，如 AB 相经过渡电阻接地短路，可能进入 A 区。根据这一特点，发生故障时先算出零序和负序电流的相位关系，确定是在 A 区、B 区还是 C 区，然后用阻抗选相元件选出故障相。

例如，当判断出 $\arg(I_0/I_{a2})$ 在 A 区时，可能发生的故障类型有 A 相接地、BC 相接地和 AB 相接地。然后进行阻抗计算，先对 A 相阻抗选相元件 Z_A 行为进行判别：

若 Z_A 元件动作，再判断 Z_B 阻抗选相元件动作行为。若 Z_B 元件动作，则判为 AB 相接地短路；若 Z_B 元件不动作，则判为 A 相接地故障。

若 Z_A 元件不动作，再判断 Z_{BC} 阻抗选相元件动作行为。若 Z_{BC} 元件动作，则判为 BC 相接地短路；若 Z_{BC} 元件不动作，则在这种情况下应判为选相无效。此时保护动作后可无选择三相跳闸。

按上述方法，在非全相运行时，选出的是断开相。但在非全相运行健全相再故障时，按零序电流与 A 相负序电流的相位关系不再在断开相（如 A 相断线，BC 两相运行，选在 A 区，如果在 BC 两相再发生短路时，选相区就不再在 A 区了。），利用选相区不在断开相可判断非全相运行中运行相上又发生了短路。

在两相短路和三相短路时没有零序电流，不能用上述序电流方法选相，所以当零序电流小于一定值，直接用阻抗元件进行选相。

第二节　相电流突变量选相

突变量就是故障分量，不含负荷分量。相间电流突变量 $\Delta\overset{\text{\tiny{$\cdot$}}}{I}_{ab}$、$\Delta\overset{\text{\tiny{$\cdot$}}}{I}_{bc}$、$\Delta\overset{\text{\tiny{$\cdot$}}}{I}_{ca}$ 是故障后的 $\overset{\text{\tiny{$\cdot$}}}{I}_{ab}$、$\overset{\text{\tiny{$\cdot$}}}{I}_{bc}$、$\overset{\text{\tiny{$\cdot$}}}{I}_{ca}$ 与故障前的 $\overset{\text{\tiny{$\cdot$}}}{I}_{ab}$、$\overset{\text{\tiny{$\cdot$}}}{I}_{bc}$、$\overset{\text{\tiny{$\cdot$}}}{I}_{ca}$ 的相位差。相电流突变量选相元件是在系统发生故障时利用两相电流差的变化量的幅值特征来区分各种类型的故障。

根据对称分量法可得

$$\Delta\overset{\text{\tiny{$\cdot$}}}{I}_{ab} = \Delta\overset{\text{\tiny{$\cdot$}}}{I}_{a} - \Delta\overset{\text{\tiny{$\cdot$}}}{I}_{b} = (1-a^2)\Delta\overset{\text{\tiny{$\cdot$}}}{I}_{a1} + (1-a)\Delta\overset{\text{\tiny{$\cdot$}}}{I}_{a2}$$

$$\Delta\overset{\text{\tiny{$\cdot$}}}{I}_{bc} = \Delta\overset{\text{\tiny{$\cdot$}}}{I}_{b} - \Delta\overset{\text{\tiny{$\cdot$}}}{I}_{c} = (a^2-a)\Delta\overset{\text{\tiny{$\cdot$}}}{I}_{a1} + (a-a^2)\Delta\overset{\text{\tiny{$\cdot$}}}{I}_{a2}$$

$$\Delta\overset{\text{\tiny{$\cdot$}}}{I}_{ca} = \Delta\overset{\text{\tiny{$\cdot$}}}{I}_{c} - \Delta\overset{\text{\tiny{$\cdot$}}}{I}_{a} = (a-1)\Delta\overset{\text{\tiny{$\cdot$}}}{I}_{a1} + (a^2-1)\Delta\overset{\text{\tiny{$\cdot$}}}{I}_{a2}$$

式中：$\Delta\overset{\text{\tiny{$\cdot$}}}{I}_{a1}$、$\Delta\overset{\text{\tiny{$\cdot$}}}{I}_{a2}$ 为故障点 A 相的正、负序故障分量电流。$a = e^{j120°}$

一、各种短路类型下相间电流突变量的值

1．单相接地短路故障时的相间电流突变量

以 A 相接地短路为例，有 $\Delta\overset{\text{\tiny{$\cdot$}}}{I}_{a1} = \Delta\overset{\text{\tiny{$\cdot$}}}{I}_{a2}$，则有

$$\left|\Delta\overset{\text{\tiny{$\cdot$}}}{I}_{ab}\right| = 3 \times \left|\Delta\overset{\text{\tiny{$\cdot$}}}{I}_{a1}\right|$$

$$\left|\Delta\overset{\text{\tiny{$\cdot$}}}{I}_{bc}\right| = 0$$

$$\left|\Delta\overset{\text{\tiny{$\cdot$}}}{I}_{ca}\right| = 3 \times \left|\Delta\overset{\text{\tiny{$\cdot$}}}{I}_{a1}\right|$$

可以看出，两非故障相电流差的突变量为零，含有故障相的相电流差突变量具有很大的数值。

2．两相相间短路故障时相间电流突变量

以 BC 相短路为例，有 $\Delta\overset{\text{\tiny{$\cdot$}}}{I}_{a1} = -\Delta\overset{\text{\tiny{$\cdot$}}}{I}_{a2}$，则有

$$\left|\Delta\overset{\text{\tiny{$\cdot$}}}{I}_{ab}\right| = \sqrt{3}\left|\Delta\overset{\text{\tiny{$\cdot$}}}{I}_{a1}\right|$$

$$\left|\Delta\overset{\text{\tiny{$\cdot$}}}{I}_{bc}\right| = 2\sqrt{3}\left|\Delta\overset{\text{\tiny{$\cdot$}}}{I}_{a1}\right|$$

$$\left|\Delta\overset{\text{\tiny{$\cdot$}}}{I}_{ca}\right| = \sqrt{3}\left|\Delta\overset{\text{\tiny{$\cdot$}}}{I}_{a1}\right|$$

可见，两故障相电流差的突变量最大。

一般情况两相接地短路的幅值特征与两相相间短路时相同，即两故障相的相电流差最大。

3. 三相短路故障时相间电流突变量

三相短路时有 $\Delta \overset{\square}{I}_{a2} = 0$，则有

$$\left|\Delta \overset{\square}{I}_{ab}\right| = \sqrt{3}\left|\Delta \overset{\square}{I}_{a1}\right|$$

$$\left|\Delta \overset{\square}{I}_{bc}\right| = \sqrt{3}\left|\Delta \overset{\square}{I}_{a1}\right|$$

$$\left|\Delta \overset{\square}{I}_{ca}\right| = \sqrt{3}\left|\Delta \overset{\square}{I}_{a1}\right|$$

由此可见，三相短路时的幅值特征是三个相间电流突变量均相等。

二、相电流突变量选相原理

相电流突变量选相原理方法是计算 $\left|\Delta \overset{\square}{I}_{ab}\right|$、$\left|\Delta \overset{\square}{I}_{bc}\right|$、$\left|\Delta \overset{\square}{I}_{ca}\right|$ 的值，并按大、中、小对其进行排序。当满足|大值-中值|<<|中值-小值|时，是单相接地故障，并且最小的两相电流差值是两个健全相的，另一相必是故障相。当不满足时，是相间短路，最大值的两相是两个故障相，为了进一步区分是两相短路还是两相接地短路，通常利用零序电流或零序电压超定值来判断是两相接地短路，也可以采用零序突变量的方法来判断是两相短路。三个相间电流突变量均相等时是三相短路。

具体方法如下：

A 相接地短路：$\left|\Delta \overset{\square}{I}_{ab}\right| = 3 \times \left|\Delta \overset{\square}{I}_{a1}\right|$ 大（中）值 $\Big\}$ 满足|大值-中值|<<|中值-小值|

$\left|\Delta \overset{\square}{I}_{bc}\right| = 0$ 小值 是单相接地，$\left|\Delta \overset{\square}{I}_{bc}\right|$ 中不包含

$\left|\Delta \overset{\square}{I}_{ca}\right| = 3 \times \left|\Delta \overset{\square}{I}_{a1}\right|$ 中（大）值 A 相，是 A 相接地。

BC 相短路：$\left|\Delta \overset{\square}{I}_{ab}\right| = \sqrt{3}\left|\Delta \overset{\square}{I}_{a1}\right|$ 中（小）值 $\Big\}$ 不满足|大值-中值|<<|中值-小值|

$\left|\Delta \overset{\square}{I}_{bc}\right| = 2\sqrt{3}\left|\Delta \overset{\square}{I}_{a1}\right|$ 大值 是相间短路，$\left|\Delta \overset{\square}{I}_{bc}\right|$ 中包含 BC

$\left|\Delta \overset{\square}{I}_{ca}\right| = \sqrt{3}\left|\Delta \overset{\square}{I}_{a1}\right|$ 小（中）值 相，是 BC 相间短路。

进一步区分是相间短路还是相间接地短路，利用零序电流或电压来判断。

三相短路时，$\left|\Delta \dot{I}_{ab}\right| = \left|\Delta \dot{I}_{bc}\right| = \left|\Delta \dot{I}_{ca}\right|$

相间电流突变量选相元件具有不受负荷电流和过渡电阻影响的特点，能正确区分单相接地短路和两相或三相短路，但也存在电流量选相的不足。在系统正序阻抗和负序阻抗不相等的情况下，在单相接地短路时，由于非故障相的相电流突变量不等于零，因此，还应特别注意实际系统的计算，确定单相接地短路的选相条件。平行双回线跨线接地故障以及一相接地在保护区内另外一相接地在保护反方向上的转换性接地故障，将不能正确选出故障相，因此需要采取一些措施保证选相正确。相间电流突变量选相元件在短路稳态时无法选相。在弱电源侧灵敏度可能不足，在单侧电源受电侧的情况最为严重，因为此时受电侧的线路中只有零序电流流过，三相电流基本相等，用突变量的比值也无法选相。

第三节　补偿电压突变量选相

在第四章第二节工频变化量阻抗元件中已讲过工作电压的概念。补偿电压也称为工作电压。三个相间工作电压突变量和三个相电压突变量公式如下

$$
\left.\begin{aligned}
\Delta \dot{U}_{\mathrm{OP}\varphi\varphi} &= \Delta \dot{U}_{\varphi\varphi} - \Delta \dot{I}_{\varphi\varphi} Z_{\mathrm{set}} \\
\Delta \dot{U}_{\mathrm{OP}\varphi} &= \Delta \dot{U}_{\varphi} - (\Delta \dot{I}_{\varphi} + K \times 3\dot{I}_0) Z_{\mathrm{set}}
\end{aligned}\right\} \tag{3-1}
$$

式中：$\varphi\varphi = AB$、BC、CA，$\varphi = A$、B、C。

一、各种短路类型下三个相间工作电压突变量和三个相电压突变量的值

1. 单相接地短路

以 A 相接地短路为例，$\Delta \dot{U}_{\mathrm{B}} = 0$，$\Delta \dot{I}_{\mathrm{B}} = 0$，$\Delta \dot{U}_{\mathrm{C}} = 0$，$\Delta \dot{I}_{\mathrm{C}} = 0$。根据复合序网图得到保护安装处的母线上的相电压和相间电压的突变量为

$$
\left.\begin{aligned}
\Delta \dot{U}_{\mathrm{OPA}} &= -[2C_1 + (1+3K)C_0]\frac{I_{\mathrm{K}}}{3}(Z_{\mathrm{s}} + Z_{\mathrm{set}}) \\
\Delta \dot{U}_{\mathrm{OPB}} &= -[(1+3)C_0 - C_1]\frac{I_{\mathrm{K}}}{3}(Z_{\mathrm{s}} + Z_{\mathrm{set}}) \\
\Delta \dot{U}_{\mathrm{OPC}} &= -[(1+3)C_0 - C_1]\frac{I_{\mathrm{K}}}{3}(Z_{\mathrm{s}} + Z_{\mathrm{set}})
\end{aligned}\right\} \tag{3-2}
$$

$$\left. \begin{array}{l} \Delta \overset{\triangledown}{U}_{\mathrm{OPAB}} = -C_1 \overset{\triangledown}{I}_{\mathrm{K}} (Z_{\mathrm{s}} + Z_{\mathrm{set}}) \\[2mm] \Delta \overset{\triangledown}{U}_{\mathrm{OPBC}} = 0 \\[2mm] \Delta \overset{\triangledown}{U}_{\mathrm{OPCA}} = C_1 \overset{\triangledown}{I}_{\mathrm{K}} (Z_{\mathrm{s}} + Z_{\mathrm{set}}) \end{array} \right\} \qquad (3\text{-}3)$$

C_1、C_2、C_0 为正、负、零序电流的分配系数，且 $C_1=C_2$。

六个工作电压突变量的幅值比为

$$\left| \Delta \overset{\triangledown}{U}_{\mathrm{OPA}} \right| : \left| \Delta \overset{\triangledown}{U}_{\mathrm{OPB}} \right| : \left| \Delta \overset{\triangledown}{U}_{\mathrm{OPC}} \right| : \left| \Delta \overset{\triangledown}{U}_{\mathrm{OPAB}} \right| : \left| \Delta \overset{\triangledown}{U}_{\mathrm{OPBC}} \right| : \left| \Delta \overset{\triangledown}{U}_{\mathrm{OPCA}} \right| \qquad (3\text{-}4)$$

$$= \left| (2Z_{1\Sigma} + Z_{0\Sigma}) \right| : \left| (Z_{0\Sigma} - Z_{1\Sigma}) \right| : \left| (Z_{0\Sigma} - Z_{1\Sigma}) \right| : \left| 3Z_{1\Sigma} \right| : 0 : \left| 3Z_{1\Sigma} \right|$$

由上可见，单相接地故障时故障相的电压突变量和涉及故障相的两个相间突变量电压幅值最大，两个非故障相的相电压突变量幅值很小，两个非故障相的相间电压幅值为零。

2. 两相短路

以 BC 相短路为例，$\Delta \overset{\triangledown}{U}_{\mathrm{A}} = 0$，$\Delta \overset{\triangledown}{I}_{\mathrm{A}} = 0$，$\overset{\triangledown}{I}_0 = 0$，$\Delta \overset{\triangledown}{I}_{\mathrm{B}} = -\Delta \overset{\triangledown}{I}_{\mathrm{C}}$。

$$\left. \begin{array}{l} \Delta \overset{\triangledown}{U}_{\mathrm{OPA}} = 0 \\[2mm] \Delta \overset{\triangledown}{U}_{\mathrm{OPB}} = -\Delta \overset{\triangledown}{I}_{\mathrm{B}} (Z_{\mathrm{s}} + Z_{\mathrm{set}}) \\[2mm] \Delta \overset{\triangledown}{U}_{\mathrm{OPC}} = -\Delta \overset{\triangledown}{I}_{\mathrm{C}} (Z_{\mathrm{s}} + Z_{\mathrm{set}}) \end{array} \right\} \qquad (3\text{-}5)$$

$$\left. \begin{array}{l} \Delta \overset{\triangledown}{U}_{\mathrm{OPAB}} = \Delta \overset{\triangledown}{I}_{\mathrm{B}} (Z_{\mathrm{s}} + Z_{\mathrm{set}}) \\[2mm] \Delta \overset{\triangledown}{U}_{\mathrm{OPBC}} = 2\Delta \overset{\triangledown}{I}_{\mathrm{B}} (Z_{\mathrm{s}} + Z_{\mathrm{set}}) \\[2mm] \Delta \overset{\triangledown}{U}_{\mathrm{OPCA}} = -\Delta \overset{\triangledown}{I}_{\mathrm{B}} (Z_{\mathrm{s}} + Z_{\mathrm{set}}) \end{array} \right\} \qquad (3\text{-}6)$$

六个工作电压突变量的幅值比为

$$\left| \Delta \overset{\triangledown}{U}_{\mathrm{OPA}} \right| : \left| \Delta \overset{\triangledown}{U}_{\mathrm{OPB}} \right| : \left| \Delta \overset{\triangledown}{U}_{\mathrm{OPC}} \right| : \left| \Delta \overset{\triangledown}{U}_{\mathrm{OPAB}} \right| : \left| \Delta \overset{\triangledown}{U}_{\mathrm{OPBC}} \right| : \left| \Delta \overset{\triangledown}{U}_{\mathrm{OPCA}} \right| \qquad (3\text{-}7)$$

$$= 0 : \left| Z_{1\Sigma} \right| : \left| Z_{1\Sigma} \right| : \left| Z_{1\Sigma} \right| : \left| 2Z_{1\Sigma} \right| : \left| Z_{1\Sigma} \right|$$

由上可见，两故障相间电压突变量幅值最大，非故障相电压突变量为零。

3. 两相接地短路

以 BC 两相接地短路为例，$\Delta \overset{\triangledown}{U}_{\mathrm{A}} = 0$，$\Delta \overset{\triangledown}{I}_{\mathrm{A}} = 0$，考虑接地电阻 R。

六个工作电压突变量的幅值比为

$$\left|\Delta\overset{\Box}{U}_{\text{OPA}}\right|:\left|\Delta\overset{\Box}{U}_{\text{OPB}}\right|:\left|\Delta\overset{\Box}{U}_{\text{OPC}}\right|:\left|\Delta\overset{\Box}{U}_{\text{OPAB}}\right|:\left|\Delta\overset{\Box}{U}_{\text{OPBC}}\right|:\left|\Delta\overset{\Box}{U}_{\text{OPCA}}\right|$$

$$=\left|\frac{Z_{1\Sigma}-Z_{0\Sigma}}{Z_{1\Sigma}+2Z_{0\Sigma}+6R}\right|:\left|a^2+\frac{3R}{Z_{1\Sigma}+2Z_{0\Sigma}+6R}\right|:\left|a+\frac{3R}{Z_{1\Sigma}+2Z_{0\Sigma}+6R}\right|: \qquad(3\text{-}8)$$

$$\left|\frac{Z_{1\Sigma}-Z_{0\Sigma}-3R}{Z_{1\Sigma}+2Z_{0\Sigma}+6R}-a^2\right|:\sqrt{3}:\left|a-\frac{Z_{1\Sigma}-Z_{0\Sigma}-3R}{Z_{1\Sigma}+2Z_{0\Sigma}+6R}\right|$$

由上可见，两故障相间电压突变量幅值最大，非故障相电压突变量幅值最小。

4. 三相短路

三相短路时，三相完全对称，$\overset{\Box}{I}_0=0$。

$$\left.\begin{array}{l}\Delta\overset{\Box}{U}_{\text{OPA}}=-(Z_s+Z_{\text{set}})\Delta\overset{\Box}{I}_A\\[6pt]\Delta\overset{\Box}{U}_{\text{OPB}}=-(Z_s+Z_{\text{set}})\Delta\overset{\Box}{I}_B\\[6pt]\Delta\overset{\Box}{U}_{\text{OPC}}=-(Z_s+Z_{\text{set}})\Delta\overset{\Box}{I}_C\end{array}\right\} \qquad(3\text{-}9)$$

$$\left.\begin{array}{l}\Delta\overset{\Box}{U}_{\text{OPAB}}=-(Z_s+Z_{\text{set}})\Delta\overset{\Box}{I}_{AB}\\[6pt]\Delta\overset{\Box}{U}_{\text{OPBC}}=-(Z_s+Z_{\text{set}})\Delta\overset{\Box}{I}_{BC}\\[6pt]\Delta\overset{\Box}{U}_{\text{OPCA}}=-(Z_s+Z_{\text{set}})\Delta\overset{\Box}{I}_{CA}\end{array}\right\} \qquad(3\text{-}10)$$

六个工作电压突变量的幅值比为

$$\left|\Delta\overset{\Box}{U}_{\text{OPA}}\right|:\left|\Delta\overset{\Box}{U}_{\text{OPB}}\right|:\left|\Delta\overset{\Box}{U}_{\text{OPC}}\right|:\left|\Delta\overset{\Box}{U}_{\text{OPAB}}\right|:\left|\Delta\overset{\Box}{U}_{\text{OPBC}}\right|:\left|\Delta\overset{\Box}{U}_{\text{OPCA}}\right| \qquad(3\text{-}11)$$

$$=1:1:1:\sqrt{3}:\sqrt{3}:\sqrt{3}$$

由上可见，三相短路时三个相电压突变量电压幅值相等，三个相间电压突变量幅值也相等，为相电压突变量的 $\sqrt{3}$ 倍。

二、工作电压突变量选相

根据式（3-4）、式（3-7）、式（3-8）、式（3-11）的关系，电压突变量选相方式如下：

（1）先计算出 $\left|\Delta\overset{\Box}{U}_{\text{OP}\varphi}\right|$ 的大小，取出最大相的 $\left|\Delta\overset{\Box}{U}_{\text{OP}\varphi}\right|_{\max}$。

（2）如 $\left|\Delta\overset{\Box}{U}_{\text{OP}\varphi}\right|_{\max}$ 大于另外两相的 m 倍 $\left|\Delta\overset{\Box}{U}_{\text{OP}\varphi}\right|$ 时，判为单相接地，且该最

大值 $\left|\Delta \overset{\square}{U}_{\mathrm{OP}\varphi}\right|_{\max}$ 的相为故障相。

（3）如 $\left|\Delta \overset{\square}{U}_{\mathrm{OP}\varphi}\right|_{\max}$ 不大于另外两相的 m 倍 $\left|\Delta \overset{\square}{U}_{\mathrm{OP}\varphi}\right|$ 时，判为多相故障，此时再检出另外两相中的最小 $\left|\Delta \overset{\square}{U}_{\mathrm{OP}\varphi}\right|_{\min}$。当 $\left|\Delta \overset{\square}{U}_{\mathrm{OP}\varphi}\right|_{\min}$ 大于 U_{N} 时，判为三相短路故障；当 $\left|\Delta \overset{\square}{U}_{\mathrm{OP}\varphi}\right|_{\min}$ 不大于 U_{N} 时，判为两个 $\left|\Delta \overset{\square}{U}_{\mathrm{OP}\varphi}\right|$ 有较大值间的相间短路故障或该两相接地短路故障。

（4）如果六个工作电压突变量元件都不动作，则不进行选相。

工作电压突变量选相元件特点是灵敏度高，选相正确性不受负荷电流影响，在较大的过渡电阻下选相也正确，在单侧电源的负荷侧也能正确进行选相，在短路稳态无法选相，在转换性故障时可能不能得出最终故障类型。

第四节　其他原理选相元件及选相跳闸逻辑

一、其他选相原理

1. 电流选相元件

电流选相是最简单的选相元件。其工作原理就是对每相电流进行计算，若其值大于一定值时，即认为该相为故障相。电流选相元件的启动电流应避开健全相可能出现的最大电流。电流选相在运行方式变化很大和在单相经高阻接地时灵敏度可能不足。最严重的情况发生在受电侧，那里故障相电流可能小于负荷电流。

电流选相元件的特点决定了其在一些保护（如距离保护）中不能作为独立的选相元件。但是在以电流量为基础的保护中（如电流差动保护），往往将电流选相元件整合到电流动作元件中，在计算每一相电流的动作条件时就已经实现了选相的功能。

2. 电压选相元件

电压选相元件的原理也很简单。电压选相在电源阻抗比较大时灵敏度很高，尤其在弱电侧其他选相方法有困难时，更加显示出其优越性，因为此时线路任何一点发生接地故障弱电侧仅有零序电流通过，仅有零序电压存在。当然，电压选相元件也存在很多不足。

3. 阻抗选相元件

微机保护可以计算三个接地阻抗、三个相间阻抗，则其中最小值和不大于最小值 1.5 倍的相别为故障相。这种选相方法在同杆并架双回线上发生跨线故障时也能正确选相。对于出口跨线故障，由于有两相或三相电压为零，有多个测量阻抗为零时要辅以方向判别来确定故障相。

选相的缺点是在单相经高电阻接地时灵敏度不足。

二、微机保护选相跳闸逻辑

图 3-3 所示为 WXH-801 型微机线路纵联保护跳闸逻辑框图。在保护启动后 50ms 之内采用相电流差突变量选相，例如：A 相接地，$\Delta I_{CA}=1$，$\Delta I_{AB}=1$，$\Delta I_{BC}=0$，与门 7 输出 1，选 A 相；BC 相短路，$\Delta I_{CA}=1$，$\Delta I_{AB}=1$，$\Delta I_{BC}=1$，与门 10 输出 1，选三相。如选 A 相和 B 相，或门 1 输出 1，或门 2 输出 1，与门 16 输出 1，或门 5 输出 1，三相跳闸。在保护启动 50ms 之后，接地故障采用序分量和阻抗结合选相，分别选 A 相、选 B 相、选 C 相、选三相。不接地故障采用阻抗选相。虚线部分是纵联方向保护在弱电源侧采用电压选相。图 3-4 所示为 WXH-801 型微机线路距离、零序保护跳闸逻辑框图。跳闸逻辑与图 3-3 基本相同。

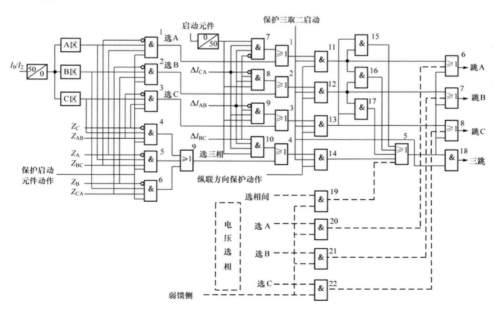

图 3-3　WXH-801 型微机线路纵联保护方向选相跳闸逻辑框图

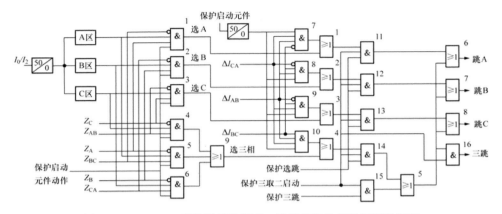

图 3-4　WXH-801 型微机线路距离、零序保护选相跳闸逻辑框图

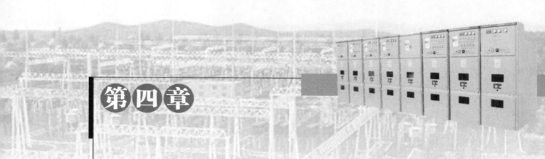

第四章

过电流保护原理及程序逻辑

第一节　电网相间短路的电流保护

66kV 及以下的线路保护通常以电流电压保护为主，作为相间短路的保护，一般配置二段或三段式电流保护。第 I 段称为瞬时电流速断保护，第 II 段称为限时电流速断保护，第III段为过电流保护。第III段也可整定为反时限过电流保护，再根据具体情况考虑是否增加方向元件或电压元件。为提高过电流保护的灵敏度，有些保护装置的电流保护经低压闭锁。

微机电流保护与常规电流保护相同，但微机保护装置中往往还设有重合闸、低频减载及其他测控功能。微机保护装置中交流电流和电压输入经变换器隔离变化后，由低通滤波器输入至模数转换器，再经数字处理后组成各种继电器。当用于两相电流接线时，B 相电流可以不接。如选用两相三元件方式时，B 相电流变换器接至 A、C 相的中线。

一、瞬时电流速断保护

为提高系统运行稳定性，保证向重要用户可靠供电，要求保护装置快速切除故障。因此，在电气设备和线路上，应装设快速动作的继电保护。

在被保护线路上发生短路时，流过保护安装处的短路电流值，随短路点的位置、短路类型和系统运行方式的不同而不同。在最大运行方式下，线路始端发生三相短路时，短路电流最大，如短路点向后移，短路电流将随线路阻抗的增大而减小；在最小运行方式，线路末端发生两相短路时，短路电流最小。

由于在本线路末端短路和在下一线始端短路时，短路电流基本不变，如果要求在被保护线路的末端短路时，保护装置能够动作，那么，在下一线始端短路时，保护装置也会动作，这样，保护就失去了应有的选择性。为了保证动作

的选择性，瞬时电流速断保护动作电流按躲过最大运行方式下线路末端三相短路时的短路电流来整定，即

$$I_{act}^{I} \geqslant K_{rel} I_{K.end.max} \tag{4-1}$$

式中：I_{act}^{I} 为瞬时电流速断保护动作电流值；K_{rel} 为可靠系数，取 $K_{rel}>1.3$；$I_{K.end.max}$ 为线路末端最大短路电流。

保护动作时间：$t^{I}=0s$。

瞬时电流速断保护的灵敏度可用其保护范围占线路全长的百分数来表示。通常在最大运行方式下，保护范围应不小于线路全长的 50%，在最小运行方式下发生两相短路，能保护线路全长的 15%～20%。

整定动作电流时，对于多电源网络，无方向的电流速断保护定值应按躲过本线路两侧母线最大三相短路电流整定；对双回线路，应以单回运行作为计算的运行方式；对环网线路，应以开环运行作为计算的运行方式；对于接入供电变压器的终端线路（含 T 接供电变压器或供电线路），按照和变压器相关保护进行配合整定。具体配合方式是：①变压器装有差动保护，则线路电流速断保护定值可按躲过变压器其他侧母线三相最大短路电流整定，确保其保护范围不伸出变压器；②变压器以电流速断为主保护，则线路电流速断保护应与变压器电流速断保护配合整定，以确保变压器侧故障时不失去选择性。

二、限时电流速断保护

瞬时电流速断保护虽能实现快速动作，但却不能保护线路全长，因此必须装设限时电流速断保护，用以保护全线路，并尽可能减少延时。限时电流速断保护能保护线路全长，就必然能保护到下一线路出口。通常要求限时电流速断保护延伸至下一线路的保护范围不超出下一线路瞬时电流速断保护范围，因此限时电流速断保护动作电流整定应与下一线路瞬时电流速断保护动作电流进行配合，即

$$I_{act.1}^{II} = K_{rel} K_{bra.max} I_{act.2}^{I} \tag{4-2}$$

式中：$I_{act.1}^{II}$ 为限时电流速断保护动作电流值；K_{rel} 为可靠系数，取 $K_{rel} \geqslant 1.1$；$K_{bra.max}$ 为最大分支系数；$I_{act.2}^{I}$ 为下一线路瞬时电流速断保护动作电流值。

分支系数计算如图 4-1 所示，在 L1 线路 A 处安装限时电流速断保护，其分支系数 $K_{bra} = I_{BK} / I_{AB}$，其中，$I_{BK}$ 是短路点电流；I_{AB} 是流过保护安装处的电流。最大分支系数取在下一线路 BC 末端 K 点短路时，流过 A 处的电流为最大的运行方式。

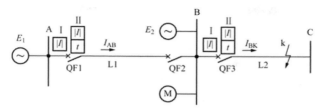

图 4-1　限时电流速断保护整定计算

保护动作时间
$$t_1^{II} = t_2^{I} + \Delta t \tag{4-3}$$

一般 $\Delta t = 0.5$s。

灵敏度校验
$$K_{sen} = \frac{I_{K.end.min}}{I_{act}^{II}} \tag{4-4}$$

$I_{K.end.min}$ 为本线路末端短路最小短路电流，延时速断保护的测量元件定值在本线路末端故障时的灵敏系数应满足如下要求：①对 50km 以上的线路不小于 1.3；②对 20～50km 的线路不小于 1.4；③对 20km 以下的线路不小于 1.5。

如果计算出的灵敏系数达不到规定要求，则可和相邻线的 II 段配合。如果仍然不能满足要求，则可考虑对保护方案进行调整，如配置电压电流速断保护，按保灵敏度进行整定，或采用距离保护等。

三、定时限过电流保护

瞬时电流速断保护和限时电流速断保护可作为线路的主保护用。为了防止本线路的主保护拒动及下一线路的保护或断路器拒动，必须配备后备保护。作为本线路的近后备和下一线路的远后备，这种后备保护通常采用定时限过电流保护。

定时限过电流保护动作电流值按躲过最大负荷电流整定。最大负荷电流的计算应考虑常见运行方式下可能出现的最严重情况。最大负荷电流要考虑电动机启动时的电流。整定计算按式（4-5）、式（4-6）进行，定值取两结果中较大值。

$$I_{act.1}^{III} \geqslant K_{rel}' K_{bra.max} I_{act.2}^{III} \tag{4-5}$$

$$I_{act.1}^{III} \geqslant \frac{K_{rel}}{K_r} I_{L.max} \tag{4-6}$$

两式中：$I_{act.1}^{III}$ 为本线路定时限过电流保护定值，其可靠系数 $K_{rel}' \geqslant 1.1$；$I_{act.2}^{III}$ 为相邻线路过电流保护定值，其可靠系数 $K_{rel} \geqslant 1.2$；K_r 为返回系数，取值在 0.85～0.95 之间；$I_{L.max}$ 为本线路最大负荷电流。

保护动作时间应比相邻线路最末段动作时间高一个时限 $\triangle t$，取 $\triangle t$=0.3～0.5s。

灵敏度校验：
$$K_{sen} = \frac{I_{K.min}}{I_{act}} \tag{4-7}$$

式中：$I_{K.min}$ 为保护区末端金属性短路时，短路电流的最小值。作为本线路近后备保护时，$I_{K.min}$ 为本线路末端短路时流过保护的最小短路电流，要求 $K_{sen} \geqslant$ 1.3～1.5；作为下一线路远后备保护时，$I_{K.min}$ 为下一线末端短路时流过保护的最小短路电流，要求 $K_{sen} \geqslant 1.2$。

四、阶段式电流电压保护

电流保护受系统运行方式影响较大，在多电源情况下很难满足要求，在小运行方式下保护范围会很小，在大运行方式下保护范围很大，甚至超过本线路。而电压保护在小运行方式下保护范围反而扩大，因此可考虑同时引入电压测量元件协调电流保护进行工作，构成电流电压保护。电流电压保护的采用往往应用在电网结构较复杂或系统运行方式变化大的情况。

1. 电压电流联锁速断

采用电流测量元件和电压测量元件协同进行工作，对保护范围进行控制，就构成了电压电流联锁速断保护。其整定按照常见运行方式进行，按照电流测量元件和电压元件对保护范围末端有相同灵敏度整定。

2. 电流测量元件与电压测量元件间配合

电流测量元件及电压测量元件相互配合，由于各自保护范围不同，因此计算比较复杂，其基本思路是首先找到与之配合的电流或电压测量元件的最小保护范围，然后躲过最小保护范围进行整定。对于整定计算软件系统，可通过一些算法来计算最小保护范围；手动计算则限于辐射形的简单网络。

五、复合电压闭锁过电流保护

复合电压闭锁元件为低电压闭锁元件和负序电压元件，一般多采用低电压闭锁元件。采用复合电压闭锁元件一方面可以增加装置可靠性，防止误动；另一方面可提高电流元件的灵敏度，如过电流保护经过复合电压闭锁元件控制，则最大负荷电流不需要考虑负荷的自启动电流。

当复合电压元件作为电流速断或延时电流速断保护的闭锁元件时，低电压和负序电压定值按保护测量元件范围末端故事时有足够的灵敏系数整定；为简化计算，也可以按躲过正常运行的低电压和不平衡负序电压，保护线路末端故障时有足够的灵敏系数整定，要求电压元件可靠系数不小于 1.5。

作为过电流保护的闭锁元件时，低电压定值按躲过保护安装处最低运行电压整定，负序电压定值按躲过电压互感器的不平衡负序电压整定。一般低电压定值整定为最低运行电压的 0.8～0.85 倍，负序电压定值整定为额定电压的 0.04～0.08 倍。

六、电网相间短路的方向电流保护

1. 方向元件

为了满足对供电可靠性要求，出现了两侧电源或单电源环网的输电线路。在这样的电网中，为了切除线路上的故障，线路两侧都装有断路器和相应的保护，如装设前面讲过的电流保护，将不能保证动作的选择性，以图 4-2 为例分析如下。

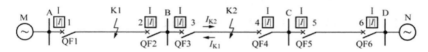

图 4-2　两侧电源辐射形电网

在图 4-2 中，QF2、QF3 装有电流保护，在 K1 和 K2 点短路时，流过 QF2、QF3 的短路电流值都有可能达到保护动作电流值，QF2、QF3 动作跳闸。根据保护选择性的要求，在 K1 点短路时，QF2 保护动作跳闸，QF3 保护不动；在 K2 点短路时，QF3 保护动作跳闸，QF2 保护不动。而只根据电流作为判据的过电流保护不能满足保护选择性的要求，为了解决这一问题，需要在原来电流保护的基础上增加了方向元件。

如图 4-2 所示，对保护 3 而言，当正方向 K2 点三相短路时，如果短路电流 $\dot{I}_{K2}$ 的规定正方向是从保护安装处母线流向线路，则它滞后母线电压 $\dot{U}$ 一个相角 φ_{K2}（φ_{K2} 为从母线到 K2 点之间的线路阻抗），其值为 $0° < \varphi_{K2} < 90°$，其短路功率 $P_{k2} = U_k I_{k2} \cos\varphi_{k2} > 0$；当反方向 K1 点短路时，此时对保护 3 如果仍按规定的电流正方向观察，则 $\dot{I}_{K1}$ 滞后母线电压 $\dot{U}$ 一个相角是 $180° + \varphi_{k1}$（φ_{k1} 为从母线到 K1 点之间的线路阻抗），$180° < 180° + \varphi_{k1} < 270°$，其短路功率 $P_{k1} = U_k I_{k1} \cos(180° + \varphi_{k1}) < 0$，$\varphi_{k1} = \varphi_{k2} = \varphi_k$，则 $\dot{I}_{K1}$ 和 $\dot{I}_{K2}$ 的相位相差 $180°$。从短路功率分析可以得出：$P_k > 0$ 为正方向故障；$P_k < 0$ 为反方向故障。由此可知，通过测量，计算短路功率的正负，短路电流与母线电压之间的相位角等方

法，可以判断出短路功率的方向，从而判断出短路点的位置。

2. 最大灵敏度角

一般功率方向继电器当输入电压和电流的幅值不变时，其输出值随两者间相位差的大小而改变，输出为最大时电压与电流的相位差称为继电器的最大灵敏度角，用 $\varphi_{\text{sen.max}}$ 表示。在计算短路功率时令 $P_{\text{k}} = U_{\text{k}} I_{\text{k}} \cos(\varphi_{\text{k}} - \varphi_{\text{sen max}})$，则当 $\varphi_{\text{k}} = \varphi_{\text{sen max}}$ 时， $\cos(\varphi_{\text{k}} - \varphi_{\text{sen max}}) = 1$，$P_{\text{k}}$ 最大，方向元件最灵敏。

采用相位角判断的方向元件的动作判据为

$$-90° \leqslant \arg \frac{\dot{U}_{\text{k}} e^{-j\varphi_{\text{sen max}}}}{\dot{I}_{\text{k}}} \leqslant 90° \tag{4-8}$$

或

$$\varphi_{\text{sen max}} - 90° \leqslant \arg \frac{\dot{U}_{\text{k}}}{\dot{I}_{\text{k}}} \leqslant \varphi_{\text{sen max}} + 90° \tag{4-9}$$

功率方向元件的作用是判断功率的方向。正方向故障，功率从母线流向线路时就动作；反方向故障，功率从线路流向母线时不动作。

3. 死区

当靠近保护安装处正方向发生相间短路故障时，由于母线电压很低，甚至近似为零，有可能造成方向元件不动作，一般把有可能造成方向元件拒动的区域称为方向元件的死区。对于微机型功率方向元件，在判断短路功率的方向时，通常取故障前的电压与故障后的短路电流进行计算，这样就避免了在保护安装处发生正方向相间短路时方向元件发生死区的情况。

4. 相间短路功率方向继电器的接线

功率方向继电器的接线方式是指在三相系统中继电器电压及电流的接入方式。

对功率方向继电器接线方式的要求是：

（1）正方向短路时都能正确动作，而反方向故障时则可靠不动。

（2）正方向故障时，应使继电器灵敏工作。即故障后加入继电器的电压和电流应尽可能大些，相位角接近于最灵敏角 $\varphi_{\text{sen.max}}$，以消除和减小方向继电器的死区。

为了满足上述要求，在相间短路保护中，广泛采用 90°接线方式，见表 4-1。90°接线方式是指系统三相对称，$\cos\varphi = 1$ 时，加入继电器的电流超前电压 90°。对反应相间短路的功率方向元件，最大灵敏度角 $\varphi_{\text{sen.max}}$ 应根据实际线路的短路阻抗角来整定，一般整定为 $-30° \sim -45°$。

表 4-1 90°接线方式功率方向继电器接入的电流、电压

功率方向元件	$\dot{I}$	$\dot{U}$
A 相功率方向元件	$\dot{I}_A$	$\dot{U}_{BC}$
B 相功率方向元件	$\dot{I}_B$	$\dot{U}_{CA}$
C 相功率方向元件	$\dot{I}_C$	$\dot{U}_{AB}$

5．按相启动原则

需要注意的是，在正常运行情况下，位于线路送电侧的功率方向元件，在负荷电流的作用下一般是处于动作状态。在机电型保护装置中，要求同名相的电流继电器与功率方向继电器的动合触点串联连接，以防止保护安装处反方向两相短路故障时，由于非故障相负荷电流的影响，使方向元件误动，从而造成保护误动作。在微机型继电保护装置中，同名相的电流元件与功率方向元件相与，如图 4-3 中 A、B、C 三相方向元件分别与各自的电流元件逻辑"与"，而不能三个方向元件先逻辑"或"再与电流元件相"与"。

七、三段式低压闭锁保护逻辑程序

图 4-3 为一三段式低压闭锁方向过电流保护的逻辑框图。在图中我们用电子学的与门、或门、非门等来表示保护的程序逻辑关系。程序逻辑框图仅仅表达了保护的原理，并不是电子电路图，目前许多微机保护产品的原理通常都用这种程序逻辑框图来表示。

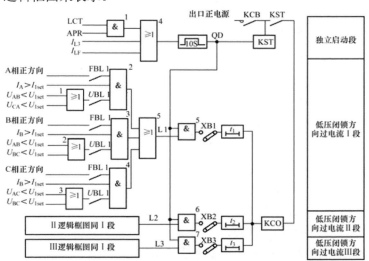

图 4-3　三段式低压闭锁方向过电流保护逻辑框图

当正方向I段范围内发生 AB 相短路时，I_{LF} 动作并展开 10s，KST 动合触点闭合。AB 间电压低，或门 1 输出 "1"，A 相电流超定值，A 相正方向元件动作，与门 2 输出 "1"，或门 5 输出 "1"，与门 5 输出 "1"，经I段 t_1 时间延时，KCD 励磁发出跳闸令。

第二节　小接地电流电网单相接地保护

在中性点非直接接地电网中发生单相接地故障时，由于故障点的电流很小，而且三相之间的电压仍保持对称，对负荷的供电没有影响，因此一般情况下允许再继续运行 1～2h，不必立即跳闸，而是发出接地信号。但当单相接地对人身和设备的安全有危险时，则应动作于跳闸。

一、中性点不接地系统单相接地故障时电流电压特点

如图 4-4 所示的简单网络接线，在正常运行情况下，三相对地有相同的电容 C_0，在相电压的作用下，每相都有一超前于相电压 90°的电容电流流入地中，三相流入地中电容电流之和等于 0。当系统发生单相接地故障时，如 XL-3 线路 A 相接地，系统电流的分布如图 4-4 所示。非故障线路 XL-1、XL-2 出现的零序电流为非故障相的电容电流之和，XL-3 故障线路的非故障相电容电流与非故障线路相同，而接地点接地电流 I_{ec} 和故障相流回母线的电流在数值上均等于系统电容电流的总和，其相量图如图 4-5（a）所示。如 A 相直接接地 $U_A=0$，非故障相电压 U_B 和 U_C 均升高 $\sqrt{3}$ 倍，即变为线电压值，中性点位移电压 $U_0 = -E_A$。非故障相电容电流 I_{BC} 和 I_{CC} 的相量和就是该线路的电容电流，其相量图如图 4-5（c）所示。故障线路的零序电流相量图如图 4-5（b）所示。

由以上分析，可得出如下结论：

（1）在发生单相接地时，全系统都将出现零序电压。

（2）在非故障元件上有零序电流，其数值等于本身的对地电容电流，电容电流无功功率实际方向为由母线流向线路。

（3）故障线路首端的零序电流数值上等于系统非故障线路全部电容电流的总和，其方向为线路指向母线，与非故障线路中零序电流的方向相反。该电流由线路首端的 TA 反应到二次侧。

以上三点结论就是中性点不接地系统基波零序电流方向自动接地选线装置软件的工作原理。

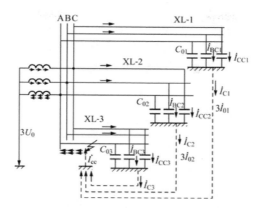

图 4-4   中性点不接地系统单相接地时电容电流分布

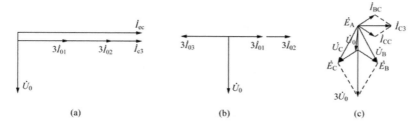

    (a)   (b)   (c)

图 4-5   中性点不接地系统单相接地时电流电压相量图

二、中性点经消弧线圈接地电网中单相接地故障的特点

当中性点不接地系统发生单相短路时，流过接地点的电容电流如果比较大，就会在接地点燃起电弧，引起弧光过电压，使绝缘损坏，形成两点或多点接地短路，造成停电事故。因此，在 3～6kV 电网全系统的电容电流超过 30A，10kV 电网全系统的电容电流超过 20A，22～66kV 电网全系统的电容电流超过 10A 时，中性点应接入消弧线圈。

1. 消弧线圈的补偿方法

消弧线圈减小故障接地电流的方式有过补偿、欠补偿和全补偿三种方式。消弧线圈以感性电流 I_L 补偿系统接地电容电流 I_{ec} 的程度叫作补偿度（也称作脱谐度），用 P 表示。$P=（I_L-I_{ec}）/I_{ec}$。

2. 单相接地时零序电压、电流的特点

图 4-6 是中性点经消弧线圈接地系统发生 A 相单相接地时电容电流的分布图。图 4-7 为其对应的相量图。从图中可以看出，在采用过补偿和全补偿方式

时（$I_L > I_{ec}$ 或 $I_L = I_{ec}$），故障线路的零序电流 $3I_{03}$ 的方向与非故障线路的零序电流 $3I_{01}$ 和 $3I_{02}$ 方向相同，由母线流向线路，数值大小的差别也不明显。所以在中性点经消弧线圈接地的电网中，不能利用基波零序电流的数值大小和方向来找出故障线路。

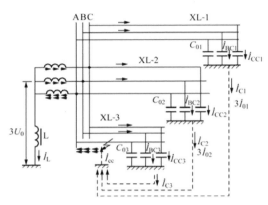

图 4-6　中性点经消弧线圈接地电网中单相接地时电容电流的分布

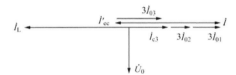

图 4-7　经消弧圈 I_L 补偿后的接地电流 I'_{ec}

三、中性点非直接接地系统单相接地故障自动选线原理

1. 中性点不接地系统单相接地故障自动选线原理

利用前述中性点不接地系统接地故障时基波零序电流大小及方向特性可构成自动接地选线装置软件的工作原理。

2. 中性点经消弧线圈接地系统单相接地故障自动选线原理

（1）利用故障时电压、电流中五次谐波的零序分量来判断故障线路。在电力系统中，由于发电机的电动势中存在着高次谐波，某些负荷的非线性也会引起高次谐波，所以系统中的电压和电流均含有高次谐波分量，其中以三次和五次谐波分量为主。由于三次谐波具有和基波零序分量相同特征，因此不能利用。对于五次谐波分量，由于它和 50Hz 基波具有相同的特征，因此可以利用。

对于五次谐波来说，消弧线圈的感抗（$\omega_5 L$）增大 5 倍，通过消弧线圈的五次谐波的电感电流减小 5 倍；而线路容抗 $[1/（\omega_5 C）]$ 减小 5 倍，五次谐波的电容电流增加 5 倍，消弧线圈的五次谐波电流相对于非故障相五次谐波接地电容电流来说是非常小。所以对于五次谐波而言，相当于中性点不接地系统，消弧线圈对五次谐波不起补偿作用。在系统发生单相接地故障时，故障线路首端的五次谐波零序电流在数值上等于系统非故障线路五次谐波电容电流的总和，其方向与非故障线路中五次谐波零序电流方向相反。该结论与中性点不接地系统中基波零序电流的规律完全相同。因此，当发生单相接地时，故障线路的首端五次谐波零序电流方向从线路指向母线，落后于五次谐波零序电压 90°，非故障线路首端的零序电流为本线路五次谐波零序电容电流，方向从母线流向线路，超前于五次谐波零序电压 90°。利用上述特点可以构成中性点经消弧线圈接地的单相接地选线装置。

（2）利用接地故障时检测消弧线圈中有功功率的分量来判断单相接地故障线路。五次谐波判别法与基波零序电流判别法都存在一个主要的缺点，即当系统的引出线较少，长度较短时，单相接地故障线路的五次谐波和基波零序电流均较小，其方向也较难判别，因此其接地判别的准确率并不是很高。

当消弧线圈采用自动跟踪消弧线圈并经阻尼电阻接地时，系统单相接地选线可以采用基波有功分量判别法。

在发生单相接地故障时，非故障支路只有本身的电容电流，其相位超前零序电压 90°，有功功率 $P\approx0$。故障支路经消弧线圈、阻尼电阻与故障线路通过故障点构成回路，其等效电路和相量关系如图 4-8 所示。流过消弧线圈的电流 I_{LR} 是电感电流 I_L 和电阻电流 I_R 相量和。流经故障点电流包含有电阻电流，故障线路存在有功功率分量。

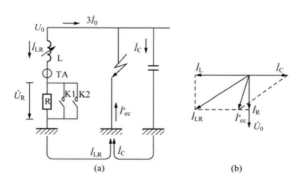

图 4-8　中性点经消弧线圈阻尼电阻接地
（a）等效电路；（b）相量图

系统正常时，K1、K2 断开，阻尼电阻 R 限制全补偿状态下因谐振引起的中性点电位的升高；单相接地故障时，K1、K2 延时闭合，防止 I_R 数值较大造成中性点电压电位升高。在 K1、K2 延时闭合前，接地选线装置采样有功电流分量 I_R，经采样计算比较选出网络中有功电流分量最大者即为接地线路。阻尼电阻 R 的作用是：在正常运行时限制全补偿状态下因谐振引起中性点电位的升高，在接地故障时在故障线路上产生有功分量，用来进行接地选线。

3. 利用三相电流移相并加方法来判断单相接地故障线路

其工作原理是将 B 相电流前移 120° 之后与 C 相电流相加，然后将此合成的电流再向前移 120° 和 A 相电流相加，如果合成的总电流 $I_\Sigma=0$，则为非故障支路；对于中性点不接地电网，如果此电流等于全网对地电容电流有效值之总和，则为故障支路；对于中性点经消弧线圈接地电网，如果此电流约等于消弧线圈补偿后的残余电流，则判为故障支路。

$$\begin{aligned} I_\Sigma &= a(a\overset{\bigcirc}{I}_B + \overset{\bigcirc}{I}_C) + \overset{\bigcirc}{I}_A \\ &= a^2\overset{\bigcirc}{I}_B + a\overset{\bigcirc}{I}_C + \overset{\bigcirc}{I}_A \end{aligned} \tag{4-10}$$

其中
$$a = -\frac{1}{2} + \mathrm{j}\frac{\sqrt{3}}{2}\mathrm{e}^{\mathrm{j}120°}$$

在无接地故障系统正常运行时，三相负荷电流和三相对地电容电流均对称且相等，此时各支路 $I_\Sigma=0$。

当 A 相发生接地故障时，在非故障支路有

$$I_A = 0$$

$$\overset{\bigcirc}{I}_B = \sqrt{3}U_\varphi \omega C_0 \mathrm{e}^{\mathrm{j}30°}$$

$$\overset{\bigcirc}{I}_C = \sqrt{3}U_\varphi \omega C_0 \mathrm{e}^{-\mathrm{j}30°}$$

$$I_\Sigma = a^2\overset{\bigcirc}{I}_B + a\overset{\bigcirc}{I}_C + \overset{\bigcirc}{I}_A = 0 \tag{4-11}$$

式中：U_φ 为相电压幅值。

在故障支路，如果变压器中性点不经消弧线圈接地，或经消弧线圈接地但不采用全补偿方式时，$\overset{\bigcirc}{I}_A \neq 0$。

$$\overset{\bigcirc}{I}_B = \sqrt{3}U_\varphi \omega C_0 \mathrm{e}^{\mathrm{j}30°}$$

$$\overset{\bigcirc}{I}_C = \sqrt{3}U_\varphi \omega C_0 \mathrm{e}^{-\mathrm{j}30°}$$

$$I_\Sigma = a^2\overset{\bigcirc}{I}_B + a\overset{\bigcirc}{I}_C + \overset{\bigcirc}{I}_A \neq 0 \tag{4-12}$$

保护装置判据：

零序电压启动，一般采用 $3U_0 \geqslant 12 \sim 15\text{V}$；

无故障支路 $I_\Sigma \leqslant I_\text{m}$；

故障支路 $I_\Sigma =$ 残流；

其中 $0 \leqslant I_\text{m} <$ 残流。

实现本保护时必须要求三相均装有电流互感器，并要求它们的一次侧在小电流时能保证必要的精度。

第三节　大接地电流电网接地短路的零序电流保护

在中性点直接接地的高压电网中发生接地短路时，将出现零序电流和电压，利用这一特征可构成接地故障的零序电流方向保护。微机型零序电流方向保护与常规的零序电流方向保护在许多基本原则上是一致的。

微机保护中零序电压一般采用自产 $3U_0$，零序电流保护中的零序电流一般采用自产 $3I_0$。

一、110kV 线路零序电流保护

单侧电源线路的零序电流保护一般为三段式，终端线路也可以采用两段式。双侧电源复杂电网的线路零序电流保护一般为四段式或三段式。对于需要改善配合条件，压缩动作时间的线路，零序电流保护宜采用四段式的整定方法。

（一）零序电流 I 段整定计算

零序电流 I 段电流定值按躲区外故障最大三倍零序电流整定，在无互感的线路上，零序电流 I 段的区外最严重故障点选择在本线路对侧母线或两侧母线上。当线路附近有其他零序互感较大的平行线路时，故障点有时应选择在该平行线路的某处。整定公式如下

$$I_{0.\text{act}}^{\text{I}} \geqslant K_\text{rel} 3I_{0.\text{max}} \tag{4-13}$$

式中：$I_{0.\text{act}}^{\text{I}}$ 为零序电流 I 段保护动作电流值；K_rel 为可靠系数，取 $K_\text{rel} \geqslant 1.3$；$I_{0.\text{max}}$ 为区外故障最大零序电流。

保护动作时间 $t=0\text{s}$。动作值躲不过断路器合闸三相不同步最大 3 倍零序电流时，重合闸过程中带 0.1s 延时或退出运行。

（二）零序电流 II 段整定计算

根据 3～110kV 电网继电保护装置运行整定规程的规定，保全线有灵敏系

数的零序电流定值对本线路末端金属性接地故障的灵敏系数应满足如下要求：20km以下线路，不小于1.5；20～50km的线路，不小于1.4；50km以上线路，不小于1.3。

1. 三段式保护的零序电流Ⅱ段

三段式保护的零序电流Ⅱ段电流定值，应与相邻线路零序Ⅰ段配合。整定公式如下

$$I_{0.act}^{\mathrm{II}} \geqslant K_{rel} K_{bra.max} I_{0.act.1}^{\mathrm{I}} \qquad (4\text{-}14)$$

式中：$I_{0.act}^{\mathrm{II}}$ 为零序电流Ⅱ段保护动作电流值；K_{rel} 为可靠系数，取 $K_{rel} \geqslant 1.1$；$I_{0.act.1}^{\mathrm{I}}$ 为相邻线路零序Ⅰ段定值；$K_{bra.max}$ 为最大分支系数。

保护动作时间 $t=$相邻线路零序电流Ⅰ段动作时间$+\Delta t$。

三段式保护的零序电流Ⅱ段的灵敏度应满足上述要求，当灵敏度不满足要求时，应与相邻线路零序Ⅱ段配合。整定公式如下

$$I_{0.act}^{\mathrm{II}} \geqslant K_{rel} K_{bra.max} I_{0.act.1}^{\mathrm{II}} \qquad (4\text{-}15)$$

式中：$I_{0.act.1}^{\mathrm{II}}$ 为相邻线路零序Ⅱ段定值。

保护动作时间 $t=$相邻线路零序电流Ⅱ段动作时间$+\Delta t$。

保护范围一般不应伸出线路末端变压器220kV（或330kV）电压侧母线。

$$I_{0.act}^{\mathrm{II}} \geqslant K_{rel}' 3I_0 \qquad (4\text{-}16)$$

式中：K_{rel}' 为可靠系数，$K_{rel}' \geqslant 1.3$；$3I_0$ 为变压器220kV（或330kV）侧接地故障流过线路的零序电流。

2. 四段式保护的零序电流Ⅱ段

四段式保护的零序电流Ⅱ段电流定值按与相邻线路零序电流Ⅰ段配合整定，相邻线路全线速动保护能长期投入运行时，也可以与全线速动保护配合整定；电流定值的灵敏系数不作规定。

110kV线路一般使用三相一次重合闸，在重合闸后加速三段式或四段式零序电流Ⅱ段时，保护延时0.1s动作，以躲过因断路器三相触头不同时合闸而出现的零序电流。

（三）零序电流Ⅲ段整定计算

1. 三段式保护的零序电流Ⅲ段

三段式保护的零序电流Ⅲ段作本线路经电阻接地故障和相邻元件故障的后备保护，其电流定值不应大于300A（一次值），在躲过本线路末端变压器其他各侧三相短路最大不平衡电流的前提下，力争满足相邻线路末端故障时有上

述规定的灵敏系数要求；校核与相邻线路零序电流Ⅱ段、Ⅲ段或Ⅳ段的配合情况，并校核保护范围是否伸出线路末端变压器 220kV 或（330kV）电压侧母线。整定计算如下：

（1）与相邻线路零序Ⅱ段配合

$$I_{0.act}^{Ⅲ} \geq K_{rel} K_{bra.max} I_{0.act.1}^{Ⅱ} \tag{4-17}$$

（2）与相邻线路零序Ⅲ段配合

$$I_{0.act}^{Ⅲ} \geq K_{rel} K_{bra.max} I_{0.act.1}^{Ⅲ} \tag{4-18}$$

式中：可靠系数 $K_{rel} \geq 1.1$；$I_{0.act.1}^{Ⅲ}$ 为相邻线路零序Ⅲ段定值。

保护动作时间：当与相邻线路Ⅱ段配合时，比相邻线路零序Ⅱ段动作时间大一个时限级差；当与相邻线路零序Ⅲ段配合时，比相邻线路零序Ⅲ段动作时间大一个时限级差。

2. 四段式保护的零序电流Ⅲ段

如零序电流Ⅱ段对本线路末端故障有规定的灵敏系数，则零序电流Ⅲ段定值与相邻线路零序电流Ⅱ段定值配合；如零序电流Ⅱ段对本线路末端故障达不到上述规定的灵敏系数要求，则零序电流Ⅲ段按三段式保护的零序电流Ⅱ段的方法整定。

重合闸后加速三段式或四段式零序电流Ⅲ段时，保护延时 0.1s 动作。

（四）零序电流Ⅳ段整定计算

四段式保护的零序电流Ⅳ段按三段式保护的零序电流Ⅲ段的方法整定。

重合闸后加速零序电流Ⅳ段时，保护延时 0.1s 动作。

二、220～500kV 线路零序电流保护

由于 220～500kV 超高压电网结构复杂，网络运行方式变化较大，使得零序电流保护的应用受到很大限制。首先，零序电流保护范围变化较大，在系统运行方式变化大时整定配合困难，易失去选择性；其次，保护范围相对于接地距离而言有很大的劣势，同时零序参数测量计算困难且不精确，零序互感参数的考虑更复杂；最后，在单相重合闸期间，零序电流保护还要考虑非全相运行等问题。因此在有接地距离充当接地故障的后备情况下，确定以接地距离保护为主，零序电流保护为辅的接地保护，可以适当简化零序电流保护的配置和整定计算。如仅保留防高阻接地故障的零序Ⅳ段，其余三段取消，或仅采用反时限零序电流保护；也可采用两段式零序电流保护，即保护零序Ⅱ段和零序Ⅲ段。

根据 220～750kV 电网继电保护装置运行整定规程规定，保全线有灵敏系数的零序电流定值对本线路末端金属性接地故障的灵敏系数应满足如下要求：50km 以下线路，不小于 1.5；50～200km 的线路，不小于 1.4；200km 以上线路，不小于 1.3。

（一）零序电流Ⅱ段整定计算

若相邻线路配置的纵联保护能保证经常投入运行，可按与相邻线路纵联保护配合整定，躲过相邻线路末端故障。否则，按与相邻线路在非全相运行中不退出运行的零序电流Ⅰ段配合整定；若无法满足配合关系，则可与相邻线路在非全相运行过程中不退出工作的零序Ⅱ段配合整定。零序电流Ⅱ段定值还应躲过线路对侧变压器的另一侧母线接地故障时流过本线路的零序电流。

采用单相重合闸的线路，如零序电流Ⅱ段定值躲过本线路非全相运行最大零序电流，动作时间可取 1.0s；如零序Ⅱ段电流定值躲不过本线路非全相运行最大零序电流，动作时间一般可取为 1.5s；对采用 0.5s 快速重合闸的线路，零序Ⅱ段可取 1.0s 左右。

采用三相重合闸的线路，零序电流Ⅱ段动作时间可取 1.0s；若相邻线路选用动作时间为 1.0s 左右的单相重合闸，且被配合的相邻线路保护段无法躲过非全相运行最大零序电流时，动作时间可取 1.5s。

零序电流Ⅱ段整定如下：

（1）与相邻线路纵联保护配合，I_0 躲过相邻线路末端故障

$$I_{0.\text{act}}^{\text{II}} \geqslant K_{\text{rel}} 3I_{0\text{max}} \tag{4-19}$$

式中：K_{rel} 为可靠系数，$K_{\text{rel}} \geqslant 1.2$；$3I_{0\text{max}}$ 为相邻线路末端故障时流过本线路的最大零序电流。

（2）躲本线路非全相运行的最大零序电流

$$I_{0.\text{act}}^{\text{II}} \geqslant K_{\text{rel}} 3I_{0\text{F}} \tag{4-20}$$

式中：K_{rel} 为可靠系数，$K_{\text{rel}} \geqslant 1.2$；$3I_{0\text{F}}$ 为本线路非全相运行的最大零序电流。

（3）躲过线路末端变压器另一中性点接地故障时流过本线路的零序电流

$$I_{0.\text{act}}^{\text{II}} \geqslant K_{\text{rel}} 3I_0 \tag{4-21}$$

式中：K_{rel} 为可靠系数，$K_{\text{rel}} \geqslant 1.3$；$3I_0$ 为变压器另一电压母线接地故障时流过本线路的零序电流。

（二）零序电流Ⅲ段整定计算

对二段式（只有零序Ⅱ段和零序Ⅲ段）的零序电流保护的第Ⅲ段为零序的最末一段，作为线路经高阻抗接地故障和相邻元件接地故障的后备保护，要求

其电流一次定值不应大于300A。按灵敏性和选择性要求配合整定，应满足规定的灵敏度要求，并与相邻线路在非全相运行中不退出工作的零序电流Ⅱ段定值配合整定。若配合有困难，可与相邻线路零序电流Ⅲ段定值配合整定。整定方法同110kV线路三段式零序保护的第Ⅲ段整定方法。

（三）零序电流Ⅳ段整定计算

零序电流Ⅳ段整定计算同二段式零序电流保护的三段。零序电流Ⅳ段定值（最末一段）和反时限零序电流的启动值一般应不大于300A，对不满足精确工作电流要求的情况，可适当抬高定值。按与相邻线路在非全相运行中不退出工作的零序电流Ⅲ段或Ⅳ段配合整定。对采用重合闸时间大于1.0s的单相重合闸线路，除考虑正常情况下的选择配合外，还需要考虑非全相运行中健全相故障时的选择性配合，此时，零序电流Ⅳ段的动作时间宜大于单相重合闸周期加两个时间级差以上。当本线路进行单相重合闸时，可自动将零序电流Ⅳ段动作时间降为本线路单相重合闸周期加一个级差，以取得在单相重合闸过程中相邻线路的零序电流保护与本线路零序电流Ⅳ段之间的选择性配合，以尽快切除非全相运行中再故障。

如果零序电流保护最末一段的动作时间小于变压器相间短路保护的动作时间，则前者的电流定值尚应躲过变压器其他各侧母线三相短路时由于电流互感器误差所产生的二次不平衡电流。为简化计算，电流定值可按等于或大于三相短路电流的0.1～0.15倍计算。

如果零序电流保护最末一段的动作时间小于变压器相间短路保护的动作时间，则前者的电流定值尚应躲过变压器其他各侧母线三相短路时由于电流互感器误差所产生的二次不平衡电流。为简化计算，电流定值可按等于或大于三相短路电流的0.1～0.15倍计算。如果不能修改定值，其动作时间可选择比变压器相间短路保护的动作时间长一些。

（四）零序保护与重合闸配合说明

采用单相重合闸方式，并实现后备保护延时段动作后三相跳闸不重合时，零序电流Ⅱ段的整定值应躲过非全相运行最大零序电流，在单相重合闸过程中不动作。零序电流Ⅲ、Ⅳ段均三相跳闸不重合。

采用单相重合闸方式，且后备保护延时段启动单相重合闸时，能躲过非全相运行最大零序电流的零序电流Ⅱ段，非全相运行中不退出工作；不能躲过非全相运行最大零序电流的零序电流Ⅱ段，在重合闸启动后退出工作；亦可将零序电流Ⅱ段的动作时间延长至1.5s及以上，或躲过非全相运行周期，非全相运行中不退出工作。不能躲过非全相运行最大零序电流的零序电流III段，在重合闸启动后退出工作；亦可依靠较长的动作时间躲过非全相运行周期，非全相运行中不退出工作或直接三相跳闸不启动重合闸。零序电流IV段直接三相跳闸不启动重合闸。

三相重合闸后加速和单相重合闸的分相后加速，应加速对线路末端故障有足够灵敏度的保护段。如果躲不开后一侧断路器合闸时三相不同步产生的零序电流，则两侧的后加速保护在整个重合闸周期中均应带 0.1s 延时。

三、零序电流反时限整定计算

定时限零序电流最末一段，对于复杂电网而言在配合上非常困难，在运行中因最末一段无法满足配合关系，一些保护的最末段采用同电流同时间的做法，在高阻接地时，由于接地距离受过渡电阻影响较大，只能靠零序最末一段，也就存在着无法选择性跳闸的隐患。采用反时限电流保护可较好地解决这个问题，且微机保护容易实现反时限零序电流保护，只是其整定计算及配合较为复杂。采用反时限零序电流保护时，全网应使用统一的启动值和反时限特性，接地故障时可按电网自然的零序电流分布以满足选择性。反时限零序电流的启动值一般不应大于300A。

一般厂家提供了 IEC 标准反时限特性，如普通反时限、非常反时限、极端反时限。普通反时限的特性为

$$t = \frac{0.14t_{\mathrm{p}}}{(I/I_{\mathrm{p}})^{0.02} - 1}$$ （4-22）

式中：t_{p} 为时间常数；I_{p} 为电流基准；I 为计算得到的流过保护的 $3I_0$ 电流。

电流基准值可按照小于 300A 考虑，这样在整定中主要考虑 t_{p} 值的整定。

图 4-9 给出了普通反时限在 t_{p} 分别为 1、2、3，I_{p} 为 300A 时反时限特性曲线图。

在进行反时限整定中，如图 4-10 所示，对末端保护 3 的反时限特性确定好后，如 $t_{\mathrm{p}}=0.5$，计算 K3 故障点短路电流 I_{d3}，将 I_{d3} 代入式（4-22）得到保护 3 出口动作时间 t_3。

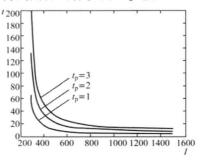

图 4-9　反时限特性图

保护 2 与保护 3 配合，在末端动作时间应为 $t_2 = t_3 + \Delta t$，将 t_2 和 I_{d3} 代入式（4-22），可计算出保护 2 的 t_p 时间系数；同理，保护 2 的时间系数定好后，计算 K2 故障点短路电流 I_{d2}，计算出保护 2 的出口动作时间 t_2，保护 1 和保护配合的时间为 $t_1 = t_2 + \Delta t$，将 t_1 和 I_{d2} 代入式（4-22），可计算出保护 1 的 t_p 时间系数。这一过程用计算机可以很容易的实现。

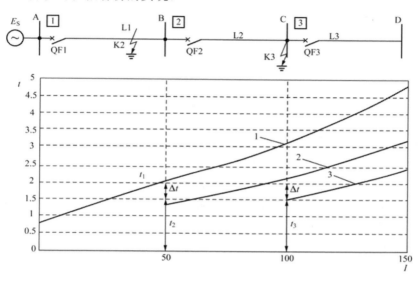

图 4-10 反时限配合示意图

当微机型保护装置没有反时限特性段时，可采用各线路零序电流最长延时段均整定为 300A，但按延时级差配合整定，可按最短时限 3.5s，最长时限不超过 7s 整定。如果发生配合困难，可预先设置解列点，将环网解列，以取得配合系数。

四、零序电流方向

在两侧变压器的中性点均接地的电网中，当线路上发生接地短路时，故障点零序电流将分为两个分支分别流向两侧的接地中性点。这种情况与双侧电源电网中实施相间短路的电流保护一样，不装置方向元件将不能保证保护动作的选择性。例如，图 4-11 所示的电网，分别在 K1 点、K2 点发生接地短路时，保护 2 和 3 不带方向的零序电流保护将失去选择性。因此，为了保证选择性，必须加装零序方向元件，构成零序电流方向保护。另外，也可以用零序方向继电器作为核心元件构成纵联零序方向保护。

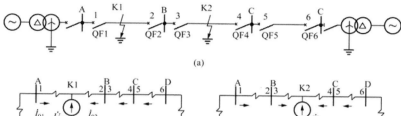

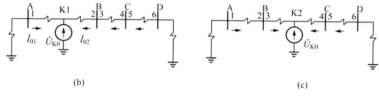

图 4-11　零序方向电流保护

（a）网络接线；（b）K1 点接地短路时的零序网络；（c）K2 点接地短路时的零序网络

1. 正、反方向接地短路时的零序方向元件

设零序方向继电器 F_0 装在 MN 线路的 M 端，如图 4-12 所示。零序电流方向为母线流向线路，零序电压的正方向是母线电位为正、中性点电位为负，假设系统中各元件零序阻抗的阻抗角都为 90°。

根据图 4-12（a），M 端正方向接地短路时，流过保护安装处的零序电压、零序电流关系为

$$\dot{U}_0 = -\dot{I}_0 Z_{SM0}$$

$$\arg(\dot{U}_0/\dot{I}_0) = \arg(-Z_{SM0}) = -90° \tag{4-23}$$

根据图 4-12（b）所示，M 端反方向接地短路时，流过保护安装处的零序电压、零序电流关系为

$$\dot{U}_0 = \dot{I}_0(Z_{MN0} + Z_{SN0})$$

$$\arg(\dot{U}_0/\dot{I}_0) = \arg(Z_{MN0} + Z_{SN0}) = 90° \tag{4-24}$$

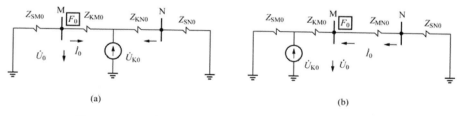

图 4-12　正、反方向接地短路时的零序网络和相量图（一）

（a）正方向短路零序网络；（b）反方向短路零序网络

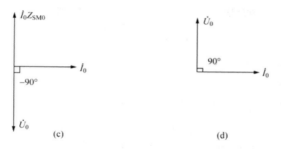

图 4-12 正、反方向接地短路时的零序网络和相量图（二）
(c) 正方向短路相量图；(d) 反方向短路相量图

从式（4-23）和式（4-24）可见，正方向接地短路时零序电流超前零序电压 90°，反方向接地短路时零序电流滞后零序电压 90°，因此，可以用零序电压与零序电流的相位角来区别正、反方向短路。

微机保护中正方向元件判据为 $90° < \arg\dfrac{\dot{U}_0}{\dot{I}_0\,\mathrm{e}^{\mathrm{j}90°}} < 270°$ 　　　　（4-25）

微机保护中反方向元件判据为 $-90° < \arg\dfrac{\dot{U}_0}{\dot{I}_0\,\mathrm{e}^{\mathrm{j}90°}} < 90°$ 　　　　（4-26）

在工程实际中零序阻抗角并不为 90°，而是一感性电抗值，角度为 φ，则式（4-25）、式（4-26）可分别改写为

正方向判据 　　　　　$90° < \arg\dfrac{\dot{U}_0}{\dot{I}_0\,\mathrm{e}^{\mathrm{j}\varphi}} < 270°$ 　　　　（4-27）

反方向判据 　　　　　$-90° < \arg\dfrac{\dot{U}_0}{\dot{I}_0\,\mathrm{e}^{\mathrm{j}\varphi}} < 90°$ 　　　　（4-28）

在零序电流方向保护中，只需要零序正方向元件。

2. 零序方向元件的特性

（1）正方向短路和反方向短路时零序电压和零序电流的夹角截然相反，动作边界十分清晰，因此方向性非常明确。

（2）零序方向元件的动作行为与负荷无关，与过渡电阻大小无关。

（3）系统振荡时不会误动。

（4）零序方向元件在线路本侧非全相运行时，如果用母线 TV，零序正方向元件动作；如果用线路 TV，零序正方向元件不动作，反方向元件动作。零序方向元件在线路两侧都非全相运行时，采用母线 TV 时零序正方向元件动作，

反方向元件不动；采样线路 TV 时，零序方向元件的动作行为与系统参数有关，零序正方向元件可能动作也可能不动作。

在短路和非全相运行情况下零序方向元件动作行为判别方法是：在零序网络中从 TV 安装处向正、反两个方向看，如果不对称点（短路点或断线点）在正方向，那么正方向零序元件动作，反方向元件不动作；如果不对称点在反方向，那么正方向元件不动作，反方向元件动作。

（5）在有串联补偿电容的线路上只要对零序电压进行补偿，零序方向元件就可以正确判断短路方向。

（6）零序方向元件只能保护接地故障，对两相不接地短路和三相短路无能为力。

（7）在同杆并架的两条线路上，由于线路之间互感较大，如果两条线路之间电气联系又较弱，在一条线路上发生接地短路时，该线路的零序电流经线间互感在另一条非故障线路上产生的纵向电动势有可能使非故障线路两端的零序方向元件都判断为正方向短路，并造成非故障线路的纵联零序方向保护误动。

五、影响流过保护的零序电流大小的因素

（1）零序电流大小与接地故障的类型有关。

（2）零序电流大小不但与零序阻抗有关，而且与正、负序阻抗都有关。

（3）零序电流大小与保护背后系统和对端系统的中性点接地的变压器多少密切相关。

（4）零序电流大小与短路点的远近有关。

六、零序电流保护程序逻辑图

图 4-13 所示为 RCS-901B 型零序电流保护逻辑框图。RCS-901B 设置了速断的 I 段零序方向过电流和三个带时限段的零序方向过电流保护，I、II 段零序受零序方向元件控制，III、IV 段零序由用户选择经或不经方向元件控制。保护设置"零序 IV 跳闸后加速"控制字，控制字为 1 时，跳闸前零序 IV 段的动作时间为 t_4，跳闸后零序 IV 的动作时间缩短 500ms。TV 断线时，装置自动投入零序过电流和相过电流元件，两个元件经同一时间 t 延时动作。所有零序电流保护都受零序启动元件控制，因此各零序电流定值应大于零序启动电流定值。该保护在单相重合闸时零序加速时间延时 60ms，手合和三相重合闸时加速时间延时 100ms，其过电流定值用零序过电流加速段定值。零序 I、II、III 段动作时经选

相跳闸，Ⅱ、Ⅲ段也可经用户选择三跳方式，同时保护动作闭锁重合闸，零序
Ⅳ段、零序过电流加速动作和 TV 断线过电流动作三相跳闸并闭锁重合闸。

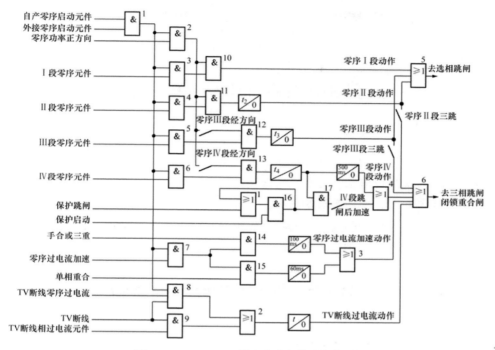

图 4-13　RCS-901B 零序电流保护逻辑框图

第五章

线路距离保护原理及程序逻辑

电流、电压保护的主要优点是简单、工作可靠，缺点是保护的选择性、保护范围以及灵敏度等都直接受电网接线方式及系统运行方式的影响。随着电力系统的不断扩大、电压等级的增高，系统运行方式的变化越来越大，电流、电压保护很难满足保护的要求。而距离保护受系统运行方式的影响小，所以在高压、超高压电网中得到广泛应用。

第一节　距离保护的基本原理

一、距离保护的基本原理

距离保护是反映故障点至保护安装处之间的距离（或阻抗），并根据距离的远近而确定动作时间的一种保护装置。现以图 5-1 所示系统为例，分析距离保护基本原理。将输电线路一端电压 U_m、电流 I_m 加到阻抗继电器中，阻抗继电器的测量阻抗为 Z_m，$Z_m = U_m / I_m$。

正常运行时，加在阻抗继电器上的电压是额定电压 U_N，电流是负荷电流 I_1，测量阻抗是负

图 5-1　距离保护原理示意图

荷阻抗 $Z_m = Z_1 = U_N / I_1$。短路时，加在阻抗继电器上的电压是母线处的残压 U_{mK}，电流时短路电流 I_K，测量阻抗是短路阻抗 $Z_m = Z_K = U_{mK} / I_K$。由于 $\left| U_{mK} \right| < \left| U_N \right|$，$\left| I_K \right| > \left| I_1 \right|$，因而 $\left| Z_K \right| < \left| Z_1 \right|$。所以，阻抗继电器的测量阻抗可以区分正常运行和短路故障。

二、阶段式距离保护

由于阻抗继电器的测量阻抗可以反映短路点的远近，所以可以做成阶梯形的时限特性，短路点越近，保护动作速度越快；短路点越远，保护动作越慢。距离保护通常采用三段式，分别称为距离保护的 I 段、 II 段和III段。第 I 段按躲过本线路末端短路时继电器的测量阻抗整定，其保护范围为本线路全长的80%～85%，动作时限为保护装置固有动作时间。第 II 段可以可靠保护本线路全长，并延伸到相邻线路上，其定值一般与相邻线路的第 I 段定值相配合，动作时限比相邻线路 I 段大一个时限级差。第III段作为本线路 I 、 II 段的后备保护，在本线路末端短路要有足够的灵敏度，其动作时限按阶梯原则整定，即本线路距离保护III段应比相邻线路中保护的最大动作时限大一个时限级差。

短路时保护安装处电压计算的一般公式如下：

保护安装处相电压的计算公式为

$$\dot{U}_\varphi = \dot{U}_{K\varphi} + (\dot{I}_\varphi + K3\dot{I}_0)Z_1 \tag{5-1}$$

式中：φ 为相别，φ=A，B，C；K 为零序补偿系数，$K=(Z_0-Z_1)/3Z_1$；$\dot{U}_{K\varphi}$ 为短路点的该相电压。

保护安装处线电压的计算公式为

$$\dot{U}_{\varphi\varphi} = \dot{U}_{K\varphi\varphi} + \dot{I}_{\varphi\varphi} Z_1 \tag{5-2}$$

式中：$\varphi\varphi$ 为两相，$\varphi\varphi$=AB，BC，CA。

第二节　阻抗继电器的动作方程和动作特性

在微机保护中，阻抗继电器的实现方法有两大类：一类是按动作方程来实现的；另一类是在阻抗复平面上先固定一个动作特性（如多边形特性），短路后利用微机的计算功能求出继电器的测量电抗 X_m 和测量电阻 R_m，从而得到测量阻抗 Z_m，进而判断测量阻抗相量在阻抗复平面上是否落在规定的动作特性内，以决定它是否动作。下面介绍几种阻抗继电器的动作方程和动作特性。

一、比相式阻抗元件

（一）比相式方向阻抗继电器的通式

方向阻抗继电器的动作特性是以整定阻抗 Z_{set} 为直径、通过坐标原点的一

个圆，如图 5-2 所示。从图中可以得出方向阻抗继电器在用比相方式实现时，其动作条件是

$$90° \leqslant \arg \frac{Z_j}{Z_j - Z_{set}} \leqslant 270° \qquad (5\text{-}3)$$

式（5-3）改写为电压相位比较动作条件为

$$90° \leqslant \arg \frac{\overset{\cdot}{U_j}}{\overset{\cdot}{U_j} - \overset{\cdot}{I_j} Z_{set}} \leqslant 270° \qquad (5\text{-}4)$$

工作电压 U_{op} 为 $\overset{\cdot}{U}_{op} = \overset{\cdot}{U}_j - \overset{\cdot}{I}_j Z_{set}$ 。 $\overset{\cdot}{U}_j$ 是与 $\overset{\cdot}{U}_{op}$ 比相用的参数基准矢量，一般称为极化电压， $\overset{\cdot}{U}_p = \overset{\cdot}{U}_j = \overset{\cdot}{I}_j \times Z_K$ 。

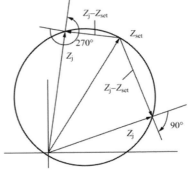

图 5-2　方向阻抗继电器的动作特性

对式（5-4）进一步推导，得出实际距离元件的比相通式为

$$-90° \leqslant \arg \frac{\overset{\cdot}{U}_{op}}{-\overset{\cdot}{U}_p} \leqslant 90° \qquad (5\text{-}5)$$

从图 5-2 可见，以整定阻抗 Z_{set} 为直径的圆特性的方向阻抗继电器，其坐标原点落在继电器动作特性的圆周上，说明在正方向出口短路时，继电器有可能拒动，即出口短路有死区；反方向出口短路时，继电器有可能误动。为了解决这一问题，圆特性方向阻抗继电器中极化电压采用正序电压。其原理见下面的接地距离元件和相间距离元件。

（二）过渡电阻产生的附加阻抗及对阻抗继电器的影响

电力系统中的短路往往都是经过过渡电阻的，过渡电阻的存在使继电器的测量阻抗不再等于短路点到保护安装处的线路阻抗，而是有了些变化，这些变化对阻抗继电器的动作行为会产生影响。

1. 正方向短路时过渡电阻的影响

图 5-3 是正方向 K 点经过过渡电阻 R_g 短路的系统图，这时保护安装处测量阻抗为

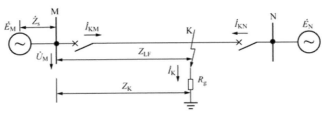

图 5-3　正方向短路示意图

$$Z_{K} = \frac{\overset{\circ}{U}_{M}}{\overset{\circ}{I}_{KM}} = \frac{\overset{\circ}{I}_{KM} Z_{LF} + (\overset{\circ}{I}_{KM} + \overset{\circ}{I}_{KN}) R_{g}}{\overset{\circ}{I}_{KM}}$$

$$Z_{K} = Z_{LF} + \frac{\overset{\circ}{I}_{K}}{\overset{\circ}{I}_{KM}} R_{g}$$

$$\Delta Z_{R} = \frac{\overset{\circ}{I}_{K}}{\overset{\circ}{I}_{KM}} R_{g} \qquad\qquad (5\text{-}6)$$

式中：ΔZ_{R} 是从保护安装处看过渡电阻的附加阻抗。

由式（5-6）可见，在单电源系统中（N 侧系统无电源），$\overset{\circ}{I}_{KN} = 0$ ，$\Delta Z_{R} = R_{g}$，过渡电阻附加阻抗为纯阻性。在双电源系统中，当 N 侧是受电侧时，$\overset{\circ}{I}_{KN}$ 滞后 $\overset{\circ}{I}_{KM}$，则 $\overset{\circ}{I}_{K}$ 落后 $\overset{\circ}{I}_{KM}$，ΔZ_{R} 呈阻容性；当 M 侧是受电侧时，$\overset{\circ}{I}_{KN}$ 超前 $\overset{\circ}{I}_{KM}$，则 $\overset{\circ}{I}_{K}$ 超前 $\overset{\circ}{I}_{KM}$，ΔZ_{R} 呈阻感性。

过渡电阻对阻抗继电器的影响见图 5-4，当 ΔZ_{R} 是纯阻性和阻感性时，可能造成区内短路时阻抗继电器拒动；当 ΔZ_{R} 是阻容性的时候，区外短路时阻抗继电器可能会误动，即保护超越，但在正向近处短路时也可能会拒动，如图 5-4（b），在正向出口处短路，$Z_{K} = \Delta Z_{R}$ 时保护拒动。

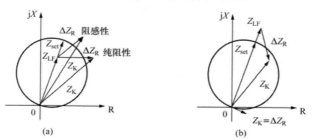

图 5-4　正向短路过渡电阻对阻抗继电器工作的影响
（a）过渡电阻呈阻感性和纯阻性情况；（b）过渡电阻呈阻容性情况

2. **反方向短路时过渡电阻的影响**

图 5-5 是反方向 K 点经过渡电阻 R_{g} 短路的系统图，这时保护安装处测量阻抗为

$$Z_{K} = \frac{\overset{\circ}{U}_{M}}{\overset{\circ}{I}_{KM}} = \frac{-\overset{\circ}{I}_{KM} Z_{LF} - (\overset{\circ}{I}_{KM} + \overset{\circ}{I}_{KN}) R_{g}}{\overset{\circ}{I}_{KM}}$$

$$Z_{K} = -Z_{LF} - \frac{\overset{\circ}{I}_{K}}{\overset{\circ}{I}_{KM}} R_{g}$$

$$\Delta Z_{\mathrm{R}} = \frac{\overset{\cdot}{I}_{\mathrm{K}}}{\overset{\cdot}{I}_{\mathrm{KM}}} R_{\mathrm{g}} \qquad (5\text{-}7)$$

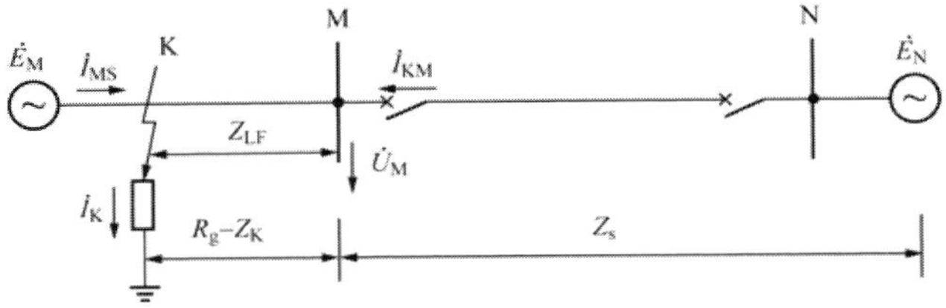

图 5-5　反方向短路示意图

由式（5-7）可见，同样由于 $\overset{\cdot}{I}_{\mathrm{K}}$ 与 $\overset{\cdot}{I}_{\mathrm{KM}}$ 相位不同，ΔZ_{R} 可能呈纯阻性、阻感性、阻容性。在反方向出口经小电阻短路，如过渡电阻呈阻容性，$Z_{\mathrm{K}} = -\Delta Z_{\mathrm{R}}$，则有可能导致继电器误动。$\Delta Z_{\mathrm{R}}$ 对继电器工作的影响见图 5-6。

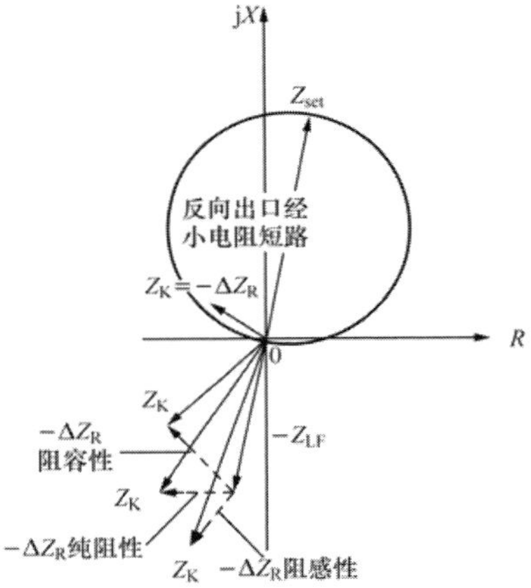

从以上分析可以看出运行方式不同，过渡电阻会呈现不同的性质，对阻抗继电器有不同的影响。为了防止当过渡电阻呈阻容性时圆特性阻抗继电器产生超越，接地距离保护引入零序电抗元件，相间距离保护中引入电抗元件，接地距离与零序电抗元件相与，相间距离与电抗元件相与，保护才能动作。

（三）接地距离元件

接地距离元件分为 I、II、III 段。为了反应任一相的单相接地短路，接地距离元件每段必须采用三个单相距离元件。这 9 个距离元件的工作电压均采用如下形式

图 5-6　正向短路过渡电阻对阻抗继电器工作的影响

$$\overset{\cdot}{U}_{\mathrm{op}.\varphi} = \overset{\cdot}{U}_{\varphi} - (\overset{\cdot}{I}_{\varphi} + K \times 3\overset{\cdot}{I}_0) Z_{\mathrm{set}} \qquad (5\text{-}8)$$

式中：K 为零序补偿系数，$K = (Z_0 - Z_1)/3Z_1$；$\overset{\cdot}{I}_{\varphi}$ 加上 $K \times 3\overset{\cdot}{I}_0$ 后可以使接地距离元件的测量阻抗不受运行方式和负荷的影响。

I、II 段极化电压为 $\qquad \overset{\cdot}{U}_{\mathrm{p}.\varphi} = \overset{\cdot}{U}_{1.\varphi}\, \mathrm{e}^{\mathrm{j}\theta} \qquad (5\text{-}9)$

III 段极化电压为 $\qquad \overset{\cdot}{U}_{\mathrm{p}.\varphi} = \overset{\cdot}{U}_{1.\varphi} \qquad (5\text{-}10)$

上列各式中，φ 表示 A、B、C；$\overset{\frown}{U}_{1.\varphi}$ 为正序相电压。

将式（5-8）～式（5-10）代入式（5-5），得比相式方程式为

Ⅰ、Ⅱ段

$$-(90° - \theta) \leqslant \arg \frac{\overset{\frown}{I}_{\varphi} - (\overset{\frown}{I}_{\varphi} + K \times 3\overset{\frown}{I}_0)Z_{\text{set}}}{-\overset{\frown}{U}_{1.\varphi}} \leqslant 90° + \theta$$

Ⅲ段

$$-90° \leqslant \arg \frac{\overset{\frown}{U}_{\varphi} - (\overset{\frown}{I}_{\varphi} + K \times 3\overset{\frown}{I}_0)Z_{\text{set}}}{-\overset{\frown}{U}_{1.\varphi}} \leqslant 90°$$

1. 正方向单相接地短路动作特性

为了分析简单，设 $\theta = 0°$。以 A 相接地，分析 A 相接地阻抗继电器。假设短路前空载。正方向短路系统图见图 5-3。

$$
\begin{aligned}
\overset{\frown}{U}_{\text{opA}} &= \overset{\frown}{U}_{\text{A}} - (\overset{\frown}{I}_{\text{A}} + K \times 3\overset{\frown}{I}_0)Z_{\text{set}} \\
&= (\overset{\frown}{I}_{\text{A}} + K \times 3\overset{\frown}{I}_0)Z_{\text{K}} - (\overset{\frown}{I}_{\text{A}} + K \times 3\overset{\frown}{I}_0)Z_{\text{set}} \qquad (5\text{-}11) \\
&= (\overset{\frown}{I}_{\text{A}} + K \times 3\overset{\frown}{I}_0)(Z_{\text{K}} - Z_{\text{set}})
\end{aligned}
$$

$$
\begin{aligned}
\overset{\frown}{U}_{\text{pA}} &= \overset{\frown}{U}_{1\text{A}} = \overset{\frown}{E}_{\text{M}} - \overset{\frown}{I}_{1\text{A}} Z_{\text{S}} = (\overset{\frown}{I}_{\text{A}} + K \times 3\overset{\frown}{I}_0)(Z_{\text{S}} + Z_{\text{K}}) - \overset{\frown}{I}_{1\text{A}} Z_{\text{S}} \\
&= (\overset{\frown}{I}_{\text{A}} + K \times 3\overset{\frown}{I}_0)(K^{'}Z_{\text{S}} + Z_{\text{K}})
\end{aligned} \qquad (5\text{-}12)
$$

$$K^{'} = 1 - \frac{\overset{\frown}{I}_{1\text{A}}}{\overset{\frown}{I}_{\text{A}} + K \times 3\overset{\frown}{I}_0}， \quad \text{一般 } K^{'} = 0.75 \sim 0.87 \qquad (5\text{-}13)$$

将式（5-11）、式（5-12）代入式（5-5）得

$$-90° \leqslant \arg \frac{Z_{\text{K}} - Z_{\text{set}}}{-(Z_{\text{K}} + K^{'}Z_{\text{S}})} \leqslant 90° \qquad (5\text{-}14)$$

式（5-14）对应的动作特性是以 $-Z_{\text{set}}$ 和 $-K^{'}Z_{\text{S}}$ 两点的连线为直径的圆，如图 5-7 中的圆 1 所示。该圆向第Ⅲ象限偏移，坐标原点在圆内，说明正方向出口单相接地短路没有死区，并且与以 Z_{set} 为直径的方向阻抗继电器相比，在 R 轴有更多的保护范围，所以比以 Z_{set} 为直径的方向阻抗继电器躲过渡电阻能力强。需要说明的是，保护动作特性在第Ⅲ象限有范围，并不是反方向单相接地短路时保护要误动，因为式（5-12）是在正方向短路的前提下推导出来的。

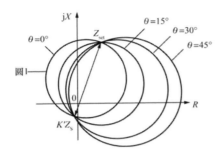

图 5-7　正方向接地短路时接地
阻抗继电器动作特性

在图 5-7 中示出 θ 取值为 0°、15°、30° 和 45° 时的动作范围。可见 θ 取值越大，保护越向 R 轴方向扩大保护范围，即允许故障时躲过渡电阻的能力增大。但必须注意，引入移相角 θ 后并不影响保护 Z_{set} 正方向保护范围。对于不受过渡电阻影响的Ⅲ段，不需要考虑移相 θ 的问题。

2. 反方向单相接地短路动作特性

同样为了分析简单，设 $\theta=0°$ 。以 A 相接地，分析 A 相接地阻抗继电器。假设短路前空载。反方向短路系统图如图 5-5 所示。

$$\dot{U}_{opA} = \dot{U}_A - (\dot{I}_A + K \times 3\dot{I}_0)Z_{set}$$

$$= -(\dot{I}_A + K \times 3\dot{I}_0)(-Z_K) - (\dot{I}_A + K \times 3\dot{I}_0)Z_{set} \quad (5-15)$$

$$= (\dot{I}_A + K \times 3\dot{I}_0)(Z_K - Z_{set})$$

$$\dot{U}_{pA} = \dot{U}_{1A} = \dot{E}_N - \dot{I}_{1A}Z_s = (\dot{I}_A + K \times 3\dot{I}_0)(Z_S - Z_K) + \dot{I}_{1A}Z_S \quad (5-16)$$

$$= (\dot{I}_A + K \times 3\dot{I}_0)(Z_K - K'Z_S)$$

$$K' = 1 - \frac{\dot{I}_{1A}}{\dot{I}_A + K \times 3\dot{I}_0}, \quad 一般\ K' = 0.75 \sim 0.87 \quad (5-17)$$

将式（5-15）、式（5-16）代入式（5-5）得

$$-90° \leqslant \arg \frac{Z_K - Z_{set}}{-(Z_K - K'Z_S)} \leqslant 90° \quad (5-18)$$

式（5-18）对应的动作特性是以 Z_{set} 和 $K'Z_S$ 两点的连线为直径的圆，如图 5-8 所示。保护动作区域是在第Ⅰ象限的上抛圆内，不包含坐标原点。当反方向发生单相接地短路时，测量阻抗在第Ⅲ象限，即使在反方向出口经过渡电阻短路，过渡电阻呈阻容性，也不会进入上抛圆内，保护可靠不动。所以在反方向发生单相接地短路时该继电器有很好的方向性。

（四）零序电抗元件

零序电抗元件动作条件如下：

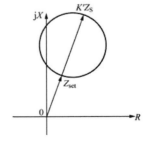

图 5-8　反方向接地短路时
接地阻抗继电器动作特性

工作电压为 $\dot{U}_{\text{op.}\varphi} = \dot{U}_\varphi - (\dot{I}_\varphi + K \times 3\dot{I}_0)Z_{\text{set}}$

极化电压为 $\dot{U}_{\text{p.}\varphi} = \dot{I}_0 \times Z_d$

Z_d 是模拟电抗即纯感抗，$\arg Z_d = 90°$，正方向故障时 $\dot{U}_\varphi = (\dot{I}_\varphi + K \times 3\dot{I}_0)Z_K$，将工作电压、极化电压代入比相通式中，则动作方程式为

$$180° \leqslant \arg(Z_K - Z_{\text{set}}) + \arg\left[(\dot{I}_\varphi + K \times 3\dot{I}_0)/\dot{I}_0\right] \leqslant 360°$$

$$180° + \arg\left[\dot{I}_0/(\dot{I}_\varphi + K \times 3\dot{I}_0)\right] \leqslant \arg(Z_K - Z_{\text{set}}) \leqslant 360° + \arg\left[\dot{I}_0/(\dot{I}_\varphi + K \times 3\dot{I}_0)\right]$$

$$\arg\left[\dot{I}_0/(\dot{I}_\varphi + K \times 3\dot{I}_0)\right] = \theta$$

零序电抗元件的动作方程式为

$$360° + \theta \geqslant \arg(Z_K - Z_{\text{set}}) \geqslant 180° + \theta \tag{5-19}$$

式（5-19）中的 θ 角实质上近似等于接地故障时测量阻抗的附加值 $\triangle Z_R$ 的阻抗角。当对侧是受电侧时，θ 角为负值。

根据式（5-19），矢量 Z_K-Z_{set} 在复平面上是一条直线，与 R 轴成 θ 夹角，靠斜影的一侧为其动作区域，如图 5-9（a）所示。根据式（5-19），当 $\dot{I}_{\text{KM}}$ 和 $\dot{I}_{\text{KN}}$ 同相位时，即 $\theta = 0°$ 时，该直线呈水平状态，即图 5-9（b）所示水平线。而且 $\triangle Z_R$ 始终与该直线呈平行状态，无论 $\triangle Z_R$ 的方向如何变化，即无论 θ 角如何变动，作为过渡电阻的附加分量，$\triangle Z_R$ 矢量均不会进入斜影线的一侧，或者说进入 A 线下方。因此零序电抗元件对过渡电阻有自适应能力，也就是说保护不受过渡电阻的任何影响。

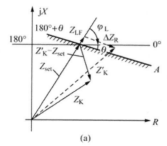
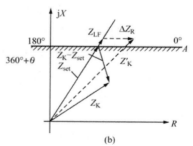

图 5-9　零序电抗元件动态特性图
(a) $\theta \neq 0$；(b) $\theta = 0$

在保护的逻辑程序中，为了防止接地距离保护因超越而误动作，将零序电抗元件和接地距离元件的动作构成与门关系，只有两元件都动作时才作用于

跳闸。

（五）相间距离元件

相间距离元件类似于接地距离元件，也是三段式的 3 个相间距离元件，共有 9 个相间距离元件都是采用比相的工作方式。

工作电压为 I、II、III 段　　$\overset{\circ}{U}_{op.\varphi\varphi} = \overset{\circ}{U}_{\varphi\varphi} - \overset{\circ}{I}_{\varphi\varphi} Z_{set}$

极化电压为

I、II 段　　$\overset{\circ}{U}_{p.\varphi\varphi} = \overset{\circ}{U}_{1.\varphi\varphi}\, e^{j\theta}$，$\theta$ 在短线路时增大允许过渡电阻

III 段　　$\overset{\circ}{U}_{p.\varphi\varphi} = \overset{\circ}{U}_{1.\varphi\varphi}$

上列各式中：$\varphi\varphi$ 表示 AB、BC、CA；$\overset{\circ}{U}_{1.\varphi\varphi}$ 为正序相间电压。

为了防止对侧电流助增使本线路末端区外故障的过渡电阻呈容性产生超越现象，设置电抗元件。电抗元件工作电压极化电压表达式如下：

工作电压为　　$\overset{\circ}{U}_{op.\varphi\varphi} = \overset{\circ}{U}_{\varphi\varphi} - \overset{\circ}{I}_{\varphi\varphi} Z_{set}$

极化电压为　　$\overset{\circ}{U}_{p.\varphi\varphi} = \overset{\circ}{I}_{\varphi\varphi} \times Z_d$

相间距离元件加上限制动作条件的电抗元件，扩大了保护在短线路上使用时的允许过渡电阻的能力。

相间距离元件与接地距离元件动作特性类似，电抗元件与零序电抗元件动作特性类似，在此不再分析。

（六）低压距离元件

三相短路在常规保护通常都纳入相间故障保护，不另外设计独立的三相短路保护的距离元件。但是现在的微机型高压（超高压）线路的距离保护中一般都设有低压距离元件，用于判断高压线路三相短路故障。

当正序电压小于 $15\%U_N$ 时，进入低压距离程序，此时只可能有三相短路和系统振荡两种情况，系统振荡由振荡闭锁回路区分，这里只考虑三相短路。三相短路时，因三个相阻抗和三个相间阻抗性能一样，所以仅测量相阻抗。一般情况下各相阻抗一样，但为了保证母线故障转换至线路构成三相故障时仍能快速切除故障，所以对三相阻抗均进行计算，任一相动作跳闸时选为三相故障。

工作电压为　　$\overset{\circ}{U}_{op.\varphi} = \overset{\circ}{U}_{\varphi} - \overset{\circ}{I}_{\varphi} Z_{set}$

极化电压为

（1）在故障发生时采用带记忆的正序电压作为极化电压（用当前时刻前 1～3 个周波的电压）

$$\dot{U}_{\mathrm{p}.\varphi} = \dot{U}_{1.\varphi} = \dot{E}_{\varphi} \mathrm{e}^{\mathrm{j}\delta}$$

（2）在记忆电压消失后采用正序电压作为极化电压

$$\dot{U}_{\mathrm{p}.\varphi} = \dot{U}_{1.\varphi}$$

式中：$\varphi = A$、B、C；δ 为母线电压超前电动势的角度。

1. 记忆的正序电压消失前低压距离元件的动作特性（暂态特性）

（1）记忆的正序电压消失前正方向故障低压距离元件的动作特性。正方向故障系统图如图 5-10 所示。

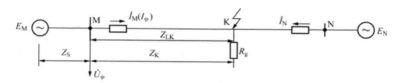

图 5-10 正方向故障系统图

$$\dot{U}_{\varphi} = \dot{I}_{\varphi} Z_{\mathrm{K}}$$

工作电压为
$$\dot{U}_{\mathrm{op}.\varphi} = \dot{U}_{\varphi} - \dot{I}_{\varphi} Z_{\mathrm{set}}$$

$$\dot{U}_{\mathrm{op}.\varphi} = \dot{I}_{\varphi}(Z_{\mathrm{K}} - Z_{\mathrm{set}}) \tag{5-20}$$

极化电压为
$$\dot{U}_{\mathrm{p}.\varphi} = \dot{U}_{1.\varphi.\mathrm{M}} = \dot{E}_{\varphi.\mathrm{M}} \mathrm{e}^{\mathrm{j}\delta} = \dot{I}_{\varphi}(Z_{\mathrm{S}} + Z_{\mathrm{K}}) \mathrm{e}^{\mathrm{j}\delta} \tag{5-21}$$

为简单起见，假设故障前线路是空载的，$\delta = 0$，将式（5-20）、式（5-21）代入式（5-5）得

$$-90° \leqslant \arg \frac{Z_{\mathrm{K}} - Z_{\mathrm{set}}}{-(Z_{\mathrm{S}} + Z_{\mathrm{K}})} \leqslant 90° \tag{5-22}$$

其动作特性如图 5-11 所示，测量阻抗 Z_{K} 在阻抗复数平面上的动作特性是以 Z_{set} 至 $-Z_{\mathrm{S}}$ 连线为直径的圆，动作特性包含原点，表明正向出口经或不经过渡电阻故障时都能正确动作，并不表示反方向故障时会误动 [因为它是在正方向故障时 $t=0$ 时刻的暂态条件下得出的特性，即式（5-21）是在正方向故障的前提下推得的]。反方向故障时的动作特性必须以反方向故障为前提导出。当 δ 不为零时，将是以 Z_{set} 到 $-Z_{\mathrm{S}}$ 连线为弦的圆，动作特性向第 I 或第 II 象限偏移。

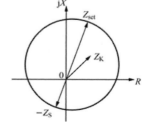

图 5-11 正方向故障时的动作特性

（2）记忆的正序电压消失前反方向故障低压距离元件的动作特性。反方向

故障系统图如图 5-12 所示。

图 5-12　正方向故障系统图

$$\dot{U}_{\varphi} = -\dot{I}_{\varphi} Z_{K}$$

工作电压为　　$\dot{U}_{op.\varphi} = \dot{U}_{\varphi} - \dot{I}_{\varphi} Z_{set}$

$$\dot{U}_{op.\varphi} = -\dot{I}_{\varphi}(Z_{K} + Z_{set}) \qquad (5-23)$$

极化电压为　　$\dot{U}_{p.\varphi} = \dot{U}_{1.\varphi.N} = \dot{E}_{\varphi.N}\,e^{j\delta} = -\dot{I}_{\varphi}(Z_{S}^{'} + Z_{K})e^{j\delta} \qquad (5-24)$

将式（5-15）、式（5-16）代入式（5-5）得

$$-90° \leqslant \arg\frac{-(Z_{K} + Z_{set})}{-(Z_{K} + Z_{S}^{'}) \times e^{j\delta}} \leqslant 90° \qquad (5-25)$$

其动作特性如图 5-13 所示，测量阻抗 $-Z_{K}$ 在阻抗复数平面上的动作特性是以 $Z_{set}Z_{S}^{'}$ 连线为直径的圆，当 $-Z_{K}$ 在圆内时动作。可见，继电器有明确的方向性，不可能误判方向。

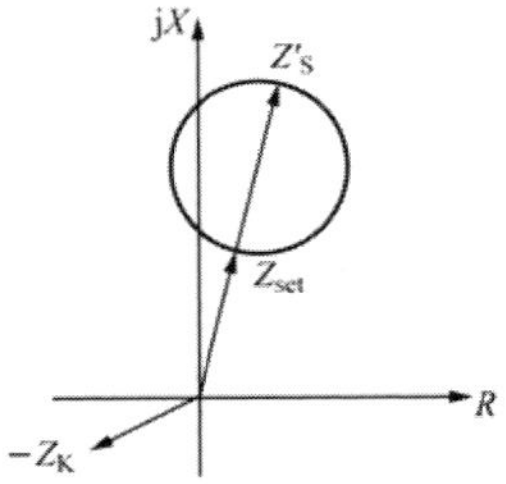

2. 记忆电压消失后低压距离元件的动作特性（稳态特性）

正方向故障时：

工作电压为　　$\dot{U}_{\varphi} = \dot{I}_{\varphi} Z_{K}$

$$\dot{U}_{op.\varphi} = \dot{I}_{\varphi}(Z_{K} - Z_{set}) \qquad (5-26)$$

极化电压为　　$\dot{U}_{p.\varphi} = \dot{I}_{\varphi} \times Z_{K} \qquad (5-27)$

将式（5-26）、式（5-27）代入式（5-5）得

$$-90° \leqslant \arg\frac{Z_{K} - Z_{set}}{-Z_{K}} \leqslant 90° \qquad (5-28)$$

反方向故障时：

工作电压为 $\dot{U}_{\varphi} = -\dot{I}_{\varphi} Z_{K}$

$$\dot{U}_{op.\varphi} = \dot{I}_{\varphi}(-Z_{K} - Z_{set}) \qquad (5-29)$$

图 5-13　反方向故障时的动作特性

极化电压为
$$\dot{U}_{\text{p}.\varphi} = \dot{I}_\varphi \times (-Z_{\text{K}}) \qquad (5\text{-}30)$$

将式（5-29）、式（5-30）代入式（5-5）得

$$-90° \leqslant \arg \frac{Z_{\text{K}} + Z_{\text{set}}}{-Z_{\text{K}}} \leqslant 90° \qquad (5\text{-}31)$$

记忆电压消失后，极化电压由稳态短路电流决定，工作电压不变。正方向故障时测量阻抗 Z_{K} 在阻抗复数平面上的动作特性如图 5-14 所示；反方向故障时，$-Z_{\text{K}}$ 动作特性也如图 5-14 所示。由于动作特性经过原点，因此母线和出口故障时继电器处于动作边界。

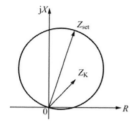

图 5-14　三相短路稳态动作特性图

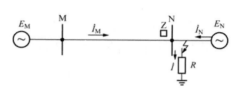

图 5-15　母线背后经小电阻故障示意图

3. 母线背后发生三相经小电阻故障时防止保护误动方法

母线背后发生三相经小电阻故障的系统图如图 5-15 所示。流过 N 侧保护安装处的电流为 I_{M}，N 侧测量阻抗为 Z。

测量阻抗为

$$Z = Z_{\text{R}} = \frac{\dot{U}_{\text{N}}}{-\dot{I}_{\text{M}}} = \frac{(\dot{I}_{\text{M}} + \dot{I}_{\text{N}})}{-\dot{I}_{\text{M}}} R$$

当 $\dot{I}_{\text{M}}$ 超前 $\dot{I}_{\text{N}}$ 时，Z 为感性，低压距离元件在稳态时可能误动，如图 5-16（a）所示。

为了保证母线背后三相故障时保护不会误动作，对 I、II 段低压距离继电器设置了阻抗门坎，其门坎幅值取最大弧光压降对应的阻抗，为 $0.05U_{\text{N}}/I_{\text{K}}$，相位同整定阻抗，如图 5-16 中特性圆 1。同时，当 I、II 段低压距离继电器暂态动作后，将继电器的门坎倒置，相当于将特性圆包含原点。如图 5-16 中特性圆 2，以保证继电器动作后能保持到故障切除。为了保证III段低压距离继电器的后备性能，III段距离元件的门坎电压总是倒置的，其特性包含原点。

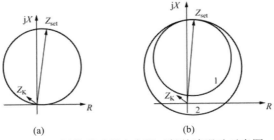

图 5-16 母线背后经小电阻三相故障误动示意图

(a) 低压距离元件可能误动;(b) 低压距离元件不误动

(七)电阻型继电器

在距离保护中有时需要解决灵敏度与躲最小负荷阻抗的矛盾,如应用圆特性距离保护第Ⅲ段继电器,有时希望在相邻元件末端短路有灵敏度;长线路的距离保护第Ⅱ段要保证本线路末端短路要有灵敏度,这样继电器的动作特性圆要整定得很大,而这往往在事故过负荷情况下继电器要误动。为解决这一问题,引入电阻型继电器。

工作电压为 $\dot{U}_{op} = \dot{U}_K - \dot{I}_K \times R_{set}$

极化量是电流 $\dot{I} e^{j\theta}$

动作方程为
$$
\begin{cases}
0° < \arg \dfrac{\dot{U}_K - \dot{I}_K R_{set}}{\dot{I}_K e^{j(90°+\theta)}} < 180° \\[4mm]
90° < \arg \dfrac{\dot{U}_K - \dot{I}_K R_{set}}{\dot{I}_K e^{j\theta}} < 270°
\end{cases}
$$

转化为阻抗相位比较式
$$
\begin{cases}
0° + \theta < \arg \dfrac{Z_K - R_{set}}{jX} < 180° + \theta \\[4mm]
90° + \theta < \arg \dfrac{Z_K - R_{set}}{R} < 270° + \theta
\end{cases}
$$

其动作特性如图 5-17 所示,动作特性是经过整定电阻 R_{set} 的一条直线,该直线与 $+jX$ 轴的夹角为 θ 角。当 $\theta = 0°$ 时,该直线是平行于 X 轴的一条直线,如图 5-17 中的直线 1。当 $\theta > 0°$ 时,该直线沿 $+jX$ 方向左倾 θ 角,如图 5-17 中的直线 2。当 $\theta < 0°$ 时,该直线沿 $+jX$ 方向右倾 θ 角,如图 5-17 中的直线 3。1、2、3 三条直线的左侧阴影区是动作区。

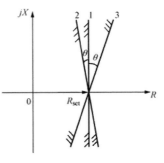

图 5-17 电阻继电器动作特性

具有直线 3 特性的电阻型继电器通常用作躲负荷阻抗的负荷限制继电器或用于反应振荡的特殊继电器中。

二、四边形特性的复合阻抗继电器

四边形特性阻抗继电器将阻抗继电器的测量距离功能、方向判别元件和躲负荷功能分别由 3 个独立的元件、X 元件、D 元件、R 元件来完成。每一元件在阻抗复平面上的特性都是直线或折线。其动作特性如图 5-18 所示。

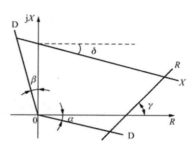

图 5-18　四边形特性阻抗继电器动作特性图

X 元件完成测距功能，其动作特性直线必须下倾 δ 角度，目的是克服线路末端故障过渡电阻的影响产生的超越现象。对于长距离线路，传送功率较大时两侧电动势相位差可达 45°，考虑安全裕度后要求 $\delta \geqslant 30°$ 才能确保不发生超越。

D 元件完成方向判别功能，采用折线特性，α 角保证出口经过渡电阻短路能可靠动作，β 角保证线路发生金属性短路故障时保护可靠动作。

R 元件完成躲负荷功能和提高过渡电阻的能力，γ 角取值为 45°～60°，提高线路末端故障过渡电阻的能力。

阶段式距离保护当采用四边形特性时，R 和 D 元件是各段共用的，仅 X 元件各段独立。三段式距离保护中 3 个元件的配合如图 5-19 所示。

微机保护实现保护附加特性十分容易，只需要增加一些软件功能，然后按一定的逻辑关系插入原程序即可。例如出口短路时由于电压为零，X 和 R 的计算值均将接近于零，其符号不能正确代表短路方向。为此可以利用微机保护的记忆功能，调用故障前一周期的电压同故障后电流进行比相。如是正方向，就可利用图 5-20 的偏移特性判断是否在区内。这种偏移特性是在图 5-19 的方向特性基础上叠加一个小矩形，构成"或"逻辑关系，从而使动作特性包括了原点，保证了正方向出口故障时保护可靠动作。而且这种偏移特性还能适应电压互感器接在线路侧对保护的要求。例如，当手合或重合至保护出口三相永久性短路故障时，由于电压全零，又无记忆作用，这时Ⅲ段带偏移特性才能满足加速Ⅲ段跳闸的需要。

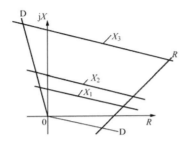

图 5-19　采用四边形特性的三段式距离保护

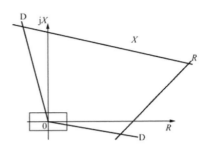

图 5-20　带偏移的四边形阻抗特性

三、工频变化量阻抗元件（△Z）

（一）工频变化量基本概念

电力系统发生短路故障时，其短路电流、电压可分解为两部分进行计算，一部分为故障前负荷状态的电流、电压分量，另一部分为故障分量的电流、电压，如图 5-21（a）的短路状态可分解为图 5-21（b）和图 5-21（c）两种状态下电流、电压的叠加。由于反应工频变化量的继电器不受负荷状态的影响，只考虑图 5-21（c）的故障分量。在图 5-21（c）中，电力系统短路故障时，相当于在故障点引入与故障前电压幅值相等、相位相反的附加电动势 ΔE_F，而且在故障点的附加电动势 ΔE_F 最大，保护安装点电压为 ΔU，电网中性点电压为零。在 ΔE_F 的作用下，在线路上产生相应的电流 ΔI。ΔE_F 称为故障点的工频电压变化量，ΔU 称为保护安装处的工频电压变化量，ΔI 称为保护安装处的工频电流变化量，ΔI 的指定正方向为母线指向线路。ΔU、ΔI 与故障前的负荷状态的电压、电流无关。

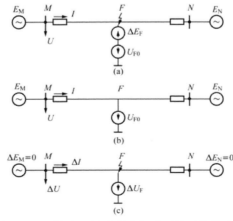

图 5-21　两端电源线路发生短路时的网络状态图

（二）工频变化量阻抗元件的基本原理

工频变化量阻抗元件动作方程为

$$\left|\Delta \overset{\circ}{U}_{\mathrm{op}}\right| > \left|\Delta \overset{\circ}{E}_{\mathrm{F}}\right| \tag{5-32}$$

$$\overset{\circ}{U}_{\mathrm{op}} = \overset{\circ}{U} - \overset{\circ}{I} \times Z_{\mathrm{set}}$$

$$\Delta \overset{\circ}{U}_{\mathrm{op}} = \Delta \overset{\circ}{U} - \Delta \overset{\circ}{I} \times Z_{\mathrm{set}}$$

U_{op} 称为工作电压，在正常运行时，表示保护范围末端的线路工作电压；在系统故障时，U_{op} 仅表示保护输入电压 U 与电流 I 在模拟阻抗 Z_{set} 上的压降之差，并不对应系统中任何真实点电压，是一种虚拟的概念。其工频变化量 ΔU_{op} 表示保护安装处的电压工频变化量 ΔU 与电流工频变化量 ΔI 在 Z_{set} 上的压降之差。Z_{set} 为整定阻抗，一般取线路阻抗的 0.8～0.9。$\Delta \overset{\circ}{E}_{\mathrm{F}}$ 为故障点故障前一时刻的电压。保护基本原理见图 5-22。图中 F1 为正方向区内故障点，F2 为反方向故障点，F3 为正方向区外故障点。$\Delta \overset{\circ}{E}_{\mathrm{F1}}$、$\Delta \overset{\circ}{E}_{\mathrm{F2}}$、$\Delta \overset{\circ}{E}_{\mathrm{F3}}$ 的幅值等于故障点故障前一时刻电压的幅值。区内故障时，如图 5-22（b）所示，ΔU_{op} 在本侧系统至 ΔE_{F1} 的连线的延长线上，$\Delta U_{\mathrm{op}} > \Delta E_{\mathrm{F1}}$，继电器动作。反方向故障时，如图 5-22（c）所示，ΔU_{op} 在本侧系统至 ΔE_{F2} 的连线上，$\Delta U_{\mathrm{op}} < \Delta E_{\mathrm{F2}}$，继电器不动作。正方向区外故障时，如图 5-22（d）所示，ΔU_{op} 在本侧系统至 ΔE_{F3} 与的连线上，$\Delta U_{\mathrm{op}} < \Delta E_{\mathrm{F3}}$，继电器不动作。

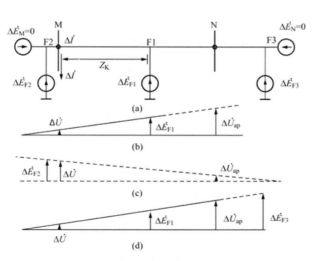

图 5-22　保护区内外各点金属性短路时电压分布图

在工作中，因故障点的位置是随机的，所以故障点故障前一时刻的电压是不能预先测得的。但是实际在正常负荷条件下，被保护线路上各点的电压差别不大，因此可用系统正常工作时线路保护范围末端的工作电压来代替故障点故障前一时刻的电压。在实际保护中取故障前工作电压的记忆量，此电压为 U_Z，为动作门坎电压，即 $\left|\Delta \overset{\circ}{E}_{F1}\right| = \left|\Delta \overset{\circ}{E}_{F2}\right| = \left|\Delta \overset{\circ}{E}_{F3}\right| = U_Z$

工频变化量阻抗元件实际动作方程为

$$\left|\Delta \overset{\circ}{U}_{op}\right| > U_Z \tag{5-33}$$

对相间故障 $\quad \overset{\circ}{U}_{op\varphi\varphi} = \overset{\circ}{U}_{\varphi\varphi} - \overset{\circ}{I}_{\varphi\varphi} \times Z_{set}$

$$\varphi\varphi = AB、BC、CA$$

对接地故障 $\quad \overset{\circ}{U}_{op\varphi} = \overset{\circ}{U}_{\varphi} - (\overset{\circ}{I}_{\varphi} + K \times 3\overset{\circ}{I}_0)Z_{set}$

$$\varphi = A、B、C$$

式中：K 为零序补偿系数，$K = (Z_0 - Z_1)/3Z_1$；式中加上 $K \times 3\overset{\circ}{I}_0$ 后可使接地距离元件的电压测量阻抗不受系统运行方式和负荷的影响。

（三）工频变化量阻抗继电器的动作特性

1. **正方向故障时工频变化量阻抗继电器的动作特性**

如图 5-23 所示。

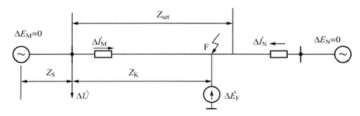

图 5-23 正方向短路的附加状态网

$$U_Z = \left|\Delta \overset{\circ}{E}_F\right|$$

$$\Delta \overset{\circ}{E}_F = -\Delta \overset{\circ}{I}_M \times (Z_S + Z_K) \tag{5-34}$$

$$\Delta \overset{\circ}{U}_{op} = \Delta \overset{\circ}{U} - \Delta \overset{\circ}{I}_M \times Z_{set} = -\Delta \overset{\circ}{I}_M \times (Z_S + Z_{set}) \tag{5-35}$$

由于是正方向故障，应满足保护动作方程 $\left|\Delta \overset{\circ}{U}_{op}\right| > U_Z$，将式（5-34）、式

（5-35）代入，得

$$\left|-\Delta \overset{\cdot}{I}_M \times (Z_S + Z_{set})\right| > \left|-\Delta \overset{\cdot}{I}_M \times (Z_S + Z_K)\right|$$

$$\left|Z_S + Z_{set}\right| > \left|Z_S + Z_K\right| \tag{5-36}$$

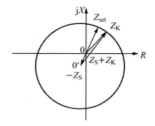

Z_K 为测量阻抗，它在阻抗复数平面上的工作特性是以矢量$-Z_S$ 为圆心，以 $\left|Z_S + Z_{set}\right|$ 为半径的圆，如图 5-24 所示。这是一个特殊的方向阻抗元件，当 Z_K 矢量末端落于圆内时保护动作，落在圆外时保护不动。需要说明的是，保护区域虽然包括第三象限，但并不说明反方向故障时保护会动作，因为式（5-34）、式（5-35）是在正方向故障的前提下推得的。保护动作特性圆包含坐标原点，说明正方向出口经过渡电阻短

图 5-24　正方向短路动作特性

路，保护能可靠动作。并且可以看出这种阻抗继电器比以 Z_{set} 为直径的方向阻抗圆有较大的允许过渡电阻能力。

2. 经过渡电阻短路时在保护装置安装处看过渡电阻的性质

正方向故障点经过渡电阻短路的附加状态网如图 5-25 所示。

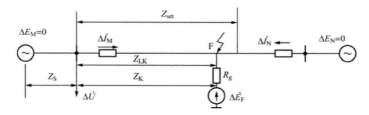

图 5-25　正方向故障点经过渡电阻短路的附加状态网

$$Z_K = \frac{\Delta \overset{\cdot}{E}_F - \Delta \overset{\cdot}{U}}{\Delta \overset{\cdot}{I}_M}$$

$$Z_K = \frac{Z_{LK}\Delta \overset{\cdot}{I}_M - (\Delta \overset{\cdot}{I}_M + \Delta \overset{\cdot}{I}_N)R_g}{\Delta \overset{\cdot}{I}_M}$$

$$Z_K = Z_{LK} + R_g(\Delta \overset{\cdot}{I}_M + \Delta \overset{\cdot}{I}_N)/\Delta \overset{\cdot}{I}_M$$

$$\Delta Z_R = R_g(\Delta \overset{\cdot}{I}_M + \Delta \overset{\cdot}{I}_N)/\Delta \overset{\cdot}{I}_M \tag{5-37}$$

在工频变化量中一般 $\Delta \overset{\cdot}{I}_M$ 与 $\Delta \overset{\cdot}{I}_N$ 是同相位，所以过渡电阻 ΔZ_R 始终呈纯

电阻性，与 R 轴平行，因此，当过渡电阻受对侧电源助增时，不存在由于对侧电流助增所引起的超越问题。

3. 反方向故障时的动作特性

反方向故障点经过渡电阻短路的附加状态网如图 5-26 所示。

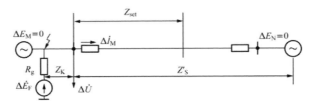

图 5-26 反方向故障点经过渡电阻短路的附加状态网

$$U_Z = \left| \Delta \overset{\circ}{E}_F \right|$$

$$\Delta \overset{\circ}{E}_F = \Delta \overset{\circ}{I}_M \times (Z_S^{'} + Z_K) \tag{5-38}$$

$$\Delta \overset{\circ}{U}_{op} = \Delta \overset{\circ}{U} - \Delta \overset{\circ}{I}_M \times Z_{set} = \Delta \overset{\circ}{I}_M \times (Z_S^{'} - Z_{set}) \tag{5-39}$$

假设反方向故障保护动作，应满足保护动作方程 $\left| \Delta \overset{\circ}{U}_{op} \right| > U_Z$，将式（5-38）、式（5-39）代入，得

$$\left| Z_S^{'} - Z_{set} \right| > \left| Z_S^{'} + Z_K \right| \tag{5-40}$$

测量阻抗 $-Z_K$ 在阻抗复数平面上的动作特性是以矢量 $-Z_S^{'}$ 为圆心，以 $\left| Z_S^{'} - Z_{set} \right|$ 为半径的圆，如图 5-27 所示，动作圆在第一象限，而当反方向故障时测量阻抗 Z_K 总是在第三象限，因此，阻抗元件有明显的方向性。

从图 5-27 可见，保护动作特性是一个上抛圆，不包含坐标原点，因此工频变化量阻抗元件在反方向故障时具有很大的克服过渡电阻能力。反方向经过渡电阻短路，保护可靠不动，当 $-Z_K$ 因受各种因素影响偏移至第二、第四象限时，甚至第一象限范围内，阻抗元件也不可能误动，即反方向出口经过渡电阻短路，保护可靠不动。由于此种阻抗元件反映的是变化量，系统振荡时电压、电流的变化速率要比短路故障时电压、电流的变化速率小得多，因此保护还具有较好的避开系统振荡的能力。

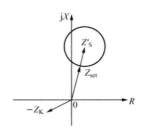

图 5-27 反方向短路动作特性

工频变化量阻抗元件 ΔZ 的特点是区内、区外、正向、反向区域明确，动

作快，不反映系统振荡，躲过渡电阻能力强，无超越问题。

（四）全阻抗距离元件

长距离输电线路对侧母线故障切除时，线路突变为空载，则线路末端电压将从无电压跳转至电容充电电压，工频变化量距离元件有可能动作（$\left|\Delta \overset{\circ}{U}_{\text{op}}\right|$ 有可能大于 U_{z}），因此，对 ΔZ 元件引入限制条件，用一个简单的全阻抗继电器作为开放 ΔZ 的条件，其判据为

$$\left|\Delta U\right| < \left|IZ_{\text{set.w}}\right|$$

式中：U、I 分别为故障相电流电压的半波积分值；$Z_{\text{set.w}}$ 为全阻抗继电器的定值。

第三节　影响距离保护正确工作的因素及防止措施

距离保护是反映短路点到保护安装处的距离而构成的保护，保护中阻抗继电器的测量阻抗是通过引入电压互感器二次侧电压和电流互感器二次侧电流间接得到的。阻抗继电器的测量阻抗受很多因素的影响。主要有：①短路点过渡电阻的影响；②保护安装处与故障点之间有分支电路；③电力系统振荡；④电压回路断线；⑤串联补偿电容。其中短路点过渡电阻的影响及防止措施已在本章第二节中论述过，下面介绍其他的影响因素及防止措施。

一、保护安装处与故障点之间有分支电路对距离保护的影响及防止措施

保护安装处与故障点之间有分支电路对距离保护的影响分为两种情况，一种是助增电流的影响，一种是汲出电流的影响。

1. 助增电流的影响及防止措施

在图 5-28 中，M 端装有距离保护，NP 线发生短路，M 侧距离保护测量阻抗为

$$Z_{\text{M}} = \frac{\overset{\circ}{U}_{\text{M}}}{\overset{\circ}{I}_{\text{M}}} = \frac{\overset{\circ}{I}_{\text{K}} Z_{\text{K}} + \overset{\circ}{I}_{\text{M}} Z_{\text{MN}}}{\overset{\circ}{I}_{\text{M}}}$$

$$= Z_{\text{MN}} + \frac{\overset{\circ}{I}_{\text{NK}} + \overset{\circ}{I}_{\text{M}}}{\overset{\circ}{I}_{\text{M}}} Z_{\text{K}}$$

$$= Z_{\text{MN}} + K_{\text{b}} Z_{\text{K}}$$

$$K_b = 1 + \frac{\dot{I}_N}{\dot{I}_M}$$

式中：K_b 为助增系数，$K_b > 1$。

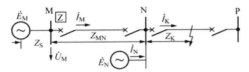

图 5-28 助增电流示意图

从上式可以看出，在助增电流的作用下，保护安装处测量阻抗比实际阻抗大。在整定阻抗不变的情况下保护范围缩小，助增电流越大，保护范围缩小越多。助增系数的大小与系统运行方式有关。由于距离保护 I 段只保护线路一部分，如果线路不是 T 接，就不会出现分支电流，所以距离 I 段保护范围不受运行方式的影响。但距离 II 段、III 段保护范围延伸到相邻线路，可能存在分支电流，保护范围就会受到助增电流的影响，所以距离保护 II 段、III 段的整定计算中要考虑系统运行方式的变化。整定值应保证在助增电流最小时与相邻线路的保护仍有配合关系。

2. 汲出电流的影响及防止措施

在图 5-29 中，M 端装有距离保护，NP 线发生短路，M 侧距离保护测量阻抗为

$$Z_M = \frac{\dot{U}_M}{\dot{I}_M} = \frac{\dot{I}_K Z_K + \dot{I}_M Z_{MN}}{\dot{I}_M}$$

$$= Z_{MN} + \frac{\dot{I}_M - \dot{I}_N}{\dot{I}_M} Z_K$$

$$= Z_{MN} + K_b Z_K$$

$$K_b = 1 - \frac{\dot{I}_K}{\dot{I}_M}$$

式中：K_b 为助增系数，$K_b < 1$。

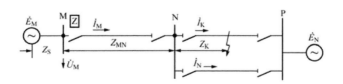

图 5-29 汲出电流示意图

从上式可以看出，在助增电流的作用下保护安装处测量阻抗比实际阻抗小。

在整定阻抗不变的情况下保护范围增大，助增系数越小，保护范围增大越多。助增系数的大小与系统运行方式有关。同样距离Ⅰ段如果不是T接线路，保护范围不受运行方式的影响。但距离Ⅱ段、Ⅲ段保护范围就会受到助增电流的影响，所以距离保护Ⅱ段、Ⅲ段的整定计算中要考虑系统运行方式的变化。整定值应考虑有最大汲出电流的运行方式，既最小助增系数的运行方式下保护不误动。

如果在相邻线路上发生短路时，既有助增电流又有汲出电流，在计算距离Ⅱ、Ⅲ段的定值时应取最小的助增系数，即取助增电流最小、汲出电流最大的运行方式。

二、系统振荡对距离保护的影响及振荡闭锁

1. 系统振荡时测量阻抗的变化

正常运行时，电力系统中各发电机都以同步转速运行，各电动势之间的相位差维持不变，电力系统处于同步稳定运行状态。如果电力系统受到某种干扰，各发电机的电动势以不同的角频率旋转，各电动势之间的相位差一直不断变化，这时称为电力系统失去稳定，或称为电力系统振荡。

电力系统发生振荡时，两侧电动势之间的夹角 δ 将在 $0° \sim 360°$ 间不断变化，各点的电压和线路中的电流将随电动势夹角做周期性的摆动，阻抗继电器的测量阻抗也在周期性变化。

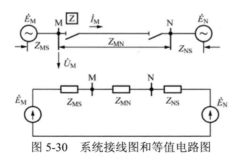

图 5-30 系统接线图和等值电路图

在图 5-30 中，系统振荡时 M 侧继电器测量阻抗为

$$Z_K = \frac{\dot{U}_M}{\dot{I}_M} = \frac{\dot{E}_M - \dot{I}_M Z_{MS}}{\dot{I}_M} = Z_\Sigma \Bigg/ \left(1 - \left|\frac{\dot{E}_N}{\dot{E}_M}\right| e^{j\delta}\right) - Z_{MS}$$

$$Z_\Sigma = Z_{MS} + Z_{MN} + Z_{NS}$$

测量阻抗的变化规律如图 5-31 所示。当 $\left|\dot{E}_M\right| = \left|\dot{E}_N\right|$ 时，Z_K 末端的变化轨迹沿复平面的 OO' 直线变化，$\delta \to 0°$ 时，Z_K 末端在右下方无限远处，$\delta \to 360°$

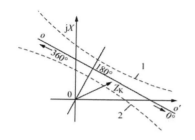

图 5-31　系统振荡时测量
阻抗的变化轨迹

时，Z_K 末端在左上方无限远处。当 $\left|\overset{\cdot}{E}_M\right| > \left|\overset{\cdot}{E}_N\right|$

时，Z_K 为圆心在第一象限的圆，如图 5-31 虚线圆弧 1。当 $\left|\overset{\cdot}{E}_M\right| < \left|\overset{\cdot}{E}_N\right|$ 时，Z_K 为圆心在第三象限的圆，如图 5-31 虚线圆弧 2。

2．系统振荡对距离保护的影响

系统振荡时对距离保护是否有影响要看两个方面：一要看振荡时保护安装处测量阻抗是否进入保护动作区域；二要看测量阻抗进入保护动作区域停留的时间。如图 5-32 所示，OO' 为系统振荡测量阻抗的变化轨迹，圆为圆特性方向阻抗动作特性，当测量阻抗在点 1 与点 2 之间时，阻抗继电器启动，振荡周期越短，测量阻抗在点 1 与点 2 间停留时间越短，振荡周期越长，停留时间越长。一般认为系统最长振荡周期为 3s，对于距离 I 段，测量阻抗进入动作区域保护就动作，对于距离 II 段，测量阻抗在点 1 至点 2 区域停留的时间可能超过 II 段延时时间，距离 II 段可能动作，因此系统振荡时应把距离 I、II 段闭锁，而 III 段动作时间较长，可利用本身的动作时间躲过系统振荡，因此系统振荡不用闭锁距离 III 段。

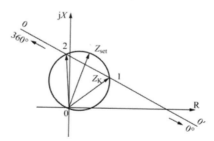

图 5-32　系统振荡时对距离保护的影响示意图

3．振荡闭锁原理

振荡闭锁原理有两种：第一种由四部分判据组成；第二种根据保护装置安装处测量阻抗电阻分量变化率区分短路与振荡。

（1）振荡闭锁由四部分判据组成。其逻辑图见图 5-33。

1）距离保护启动即开放保护 160ms

距离保护在两相电流差突变量启动元件 $\Delta I_{\varphi\varphi}$ 或零序电流 I_0 启动元件动作时如果按躲过负荷电流整定的正序电流元件 I_1 尚未动作，或者虽然正序电流元件动作了但是动作时间尚不满 10ms，则开放保护 160ms。$\Delta I_{\varphi\varphi}$、$I_0$ 用来反应短路故障。I_1 用来防止静稳破坏引起系统振荡时，振荡闭锁不要误开放保护而造成距离保护误动。在正常运行第一次发生短路时，$\Delta I_{\varphi\varphi}$、$I_0$ 可以立即动作，I_1 元件可能还未动作，也可能与 $I_{\varphi\varphi}$、I_0 一起动作，但绝不可能比 $I_{\varphi\varphi}$、I_0 动作早 10ms。

距离保护启动元件动作，瞬时开放保护 160ms。这样做的原因是在系统发生故障时距离保护启动元件瞬时动作，此时即使系统产生振荡，也不会使非故障线的保护误动，因为系统失去稳定后，两侧功角摆开到 130°～180°时距离保护测量阻抗才会小于整定阻抗值，阻抗继电器才可能动作，而两侧电动势由正常功角摆至 180°远大于 200ms，在 160ms 内距离保护测量阻抗不会小于整定阻抗，非故障线的保护不会误动。在单纯系统振荡而无故障时启动元件初期不动作，其后因 TA 饱和而可能动作，但按躲过最大负荷电流整定的正序过电流元件先于启动元件动作，将距离保护闭锁，其后线路再有故障，该元件不会开放。

为了加快系统振荡中线路又故障保护动作时间，在保护闭锁后发生故障时再开放保护，微机保护装置设置了如下开放条件，见图 5-33。

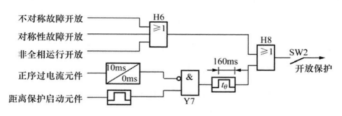

图 5-33　振荡闭锁开放逻辑框图

2）振荡中发生区内不对称短路开放元件。振荡中发生区内不对称故障时，振荡闭锁回路可由对称分量元件再开放，该元件的动作判据为

$$\left|\overset{\cdot}{I}_2\right|+\left|\overset{\cdot}{I}_0\right|>m\left|\overset{\cdot}{I}_1\right| \qquad (5\text{-}41)$$

式中：m 为制动系数，$m<1$。

系统振荡时，没有负序电流和零序电流，只有正序电流，不会满足式（5-41），不开放距离保护。

系统发生不对称短路时，会有负序电流，在大接地电流系统中发生区内接地短路时会出现零序电流，满足式（5-41），开放保护。

3）振荡中发生区内对称短路开放元件。保护安装处测量振荡中心电压。图 5-34 示出图 5-30 振荡过程中的电流、电压相量图，其中 φ_L 为线路 Z_Σ 电抗角，

$\varphi = \arg(\dot{U}_{M}/\dot{I}_{M})$，M 侧测量到振荡中心电压为

$$U_{OS} = U_{M} \cos[90° - (\varphi_{L} - \varphi)] \qquad (5\text{-}42)$$

系统振荡时，U_{OS} 随 δ 在 0 到最大值之间变化，$\delta=180°$ 时，振荡中心电压为零。

线路三相短路时，如图 5-35 所示，$U_{M}\cos(\varphi+90°-\varphi_{L})=OC$，$OA$ 为故障点电弧电阻压降，$OC<OA$，三相短路时，电弧电阻压降小于额定电压 5%，则

$$U_{M}\cos(\varphi+90°-\varphi_{L}) < 5\% U_{N} \qquad (5\text{-}43)$$

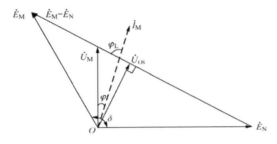

图 5-34　振荡过程中的电流、电压相量关系　　图 5-35　三相短路电流、电压相量关系

由上分析可见，系统振荡时振荡中心的电压和三相短路时电弧电阻上的压降都会小于额定电压的 5%，但振荡中心的电压随 δ 角在 0 到最大值之间变化，而相短路时电弧电阻上的压降基本不变。故系统振荡开放动作判据为

$-0.03U_{N}<U_{OS}<0.08U_{N}$，而且延时 150ms 成立，则保护开放。

延时 150ms 是保证躲过振荡中心电压在 $-0.03U_{N}\sim0.08U_{N}$ 范围内的最长时间。振荡中心电压为 $0.08U_{N}$ 时，系统角为 171°；振荡中心电压为 $-0.03U_{N}$ 时，系统角为 183.5°，按最大振荡周期 3s 计，振荡中心在该区间停留时间为 104ms。取延时 150ms 已有足够的裕度。

系统振荡后备开放动作判据为

$-0.1U_{N}<U_{OS}<0.25U_{N}$，而且延时 500ms 成立，则保护开放。

该判据是作为前一判据的后备，以保证任何三相故障情况下保护不可能拒动。

振荡中心电压为 $0.25U_{N}$ 时，系统角为 151°；为 $-0.1U_{N}$ 时，系统角为 191.5°，按最大振荡周规 3s 计，振荡中心在该区间停留时间为 373ms，装置中取 500ms 已有足够的裕度。

4）非全相运行期间，运行相上发生短路的开放元件。在线路上发生单相接地短路保护跳开单相后，振荡闭锁马上将保护重新闭锁。此时前面所列的三

个振荡闭锁开放元件都被撤销，投入本开放元件。

线路在单跳单重过程中处于非全相运行，在此期间，运行相发生金属性短路时，接在故障相或相间上的阻抗继电器仍能进行正确测量，但是在非全相振荡时，如果振荡中心在保护范围内，接在运行相或相间的阻抗继电器有可能误动。

保护判断非全相运行的方法是：如果已跳开的断路器是由本套微机保护装置发出的跳闸令而跳开，则只需再检查发跳闸令的这一相又无电流即可判断出跳开相；如果已跳开的断路器不是由本微机保护装置跳的，而是由双重化的另一套微机保护装置跳的，则只要检查到跳闸位置继电器动作的那一相又无电流即是断开相。

运行相发生短路的开放元件为：

a）采用序电流选相原理进行选相，如果选相元件选择的是运行相，开放保护。

b）在非全相运行期间如果两运行相上的电流差突变量元件动作，开放保护。

（2）根据保护安装处测量阻抗电阻分量变化率 $\dfrac{\mathrm{d}R}{\mathrm{d}t}$ 值来区分短路与系统振荡。短路时，一开始 $\dfrac{\mathrm{d}R}{\mathrm{d}t}$ 值很大，随后 $\dfrac{\mathrm{d}R}{\mathrm{d}t}$ 值很小。系统振荡时，$\dfrac{\mathrm{d}R}{\mathrm{d}t}$ 一直很大。保护装置先设定一个 $\dfrac{\mathrm{d}R}{\mathrm{d}t}$ 定值，如果 $\dfrac{\mathrm{d}R}{\mathrm{d}t}$ 超过该定值，随后 $\dfrac{\mathrm{d}R}{\mathrm{d}t}$ 值在一段时间内都小于该定值的 1/8，则判断发生了短路故障，开放距离保护。如果不满足上述判据，则认为没有发生短路故障，或认为是系统发生了振荡，距离保护被闭锁。

振荡闭锁的实现如下：

1）如果启动元件启动，而按躲最大负荷电流整定的相电流元件未动作，立即开放距离保护，此时只要Ⅰ、Ⅱ、Ⅲ阻抗继电器一直动作，应保证可靠跳闸。如果上述继电器没有动作，或动作后未到跳闸时间就返回了，程序进入振荡闭锁模块。在振荡闭锁模块中距离保护Ⅰ、Ⅱ段先暂时被闭锁。

2）如果启动元件未启动，而按躲最大负荷电流整定的相电流元件动作后又返回，说明可能是静稳破坏引起了系统振荡。也有可能是过负荷以后又恢复了正常运行。程序进入振荡闭锁模块，距离保护Ⅰ、Ⅱ段先暂时被闭锁。

3）在振荡闭锁模块中进行下列工作：

a）用 $\dfrac{\mathrm{d}R}{\mathrm{d}t}$ 原理判断在振荡闭锁距离保护Ⅰ、Ⅱ段期间是否发生了短路故障，如果判断是发生了短路故障，再次开放保护Ⅰ、Ⅱ段。如果未判断发生了短路故障，继续闭锁距离保护Ⅰ、Ⅱ段。

b）如果受振荡闭锁距离保护Ⅰ、Ⅱ段被开放，不受振荡闭锁距离保护Ⅲ段动作，保护发跳闸令。

c）出现下述任意一种情况，进行振荡闭锁复归的判断：①距离Ⅲ段不动作时；②如果 $\dfrac{\mathrm{d}R}{\mathrm{d}t}$ 原理不开放保护；③ $\dfrac{\mathrm{d}R}{\mathrm{d}t}$ 原理开放保护，但距离保护Ⅰ、Ⅱ段没有动作。振荡闭锁复归条件是第Ⅲ段的阻抗继电器和相电流继电器连续 4s 不动作，整组复归。

三、电压回路断线对距离保护的影响及防止措施

在微机保护中，启动元件不启动时，故障计算程序是不工作的。微机线路保护都是用两相电流差的变化量和零序电流作为启动元件。因此仅有电压互感器二次回路断线时，启动元件不动作，距离保护不会误动。但如果在系统波动或发生区外故障造成电流启动元件动作，距离保护又因电压互感器二次回路断线，距离保护失去电压，在负荷电流的作用下，阻抗继电器的测量阻抗变为零，可能发生误动作。对此，在距离保护中应采取防止误动作的闭锁元件。

目前各厂家的微机线路保护中电压互感器断线闭锁原理大致相同。例如某厂家电压互感器断线闭锁逻辑如下：

（1）当 $\dot{U}_\mathrm{a} + \dot{U}_\mathrm{b} + \dot{U}_\mathrm{c} > 8\mathrm{V}$，且启动元件不启动，延时 1.25s 发 TV 断线异常信号并闭锁保护。本判据用于判断一相或两相断线。

（2） $\dot{U}_\mathrm{a} + \dot{U}_\mathrm{b} + \dot{U}_\mathrm{c} < 8\mathrm{V}$，但正序电压小于 1/2 额定电压时，若采用母线 TV 则延时 1.25s 发 TV 断线异常信号，并闭锁距离保护；若采用线路 TV，则当任一相有流元件动作或跳闸位置继电器不动作时，延时 1.25s 发 TV 断线异常信号，并闭锁距离保护。本判据用于判断三相断线。

四、串联电容补偿对距离保护的影响及防止措施

高压输电线路的串联电容补偿可以大大缩短其所连接的两电力系统间的电气距离，提高输电线的输送功率，对于提高电力系统运行的稳定性有很大作

用。但是串联补偿电容是一个集中的负电抗，会使系统电压、电流的相位关系发生变化，距离保护装置的工作将产生不利的影响。

当串补电容在保护安装处的正方向，短路发生在电容器的后面，对于动作特性经过坐标原点的方向阻抗继电器来说，继电器将拒动，拒动区的范围是线路电抗值为 jx_c 的一段线路。对于以正序电压为极化量的阻抗继电器，当发生不对称短路时还是可以动作的，发生三相短路时，此继电器将拒动。解决方法采用带记忆的正序电压做极化量。

当串补电容在本线路出口但短路点在本线路末端，距离保护第I段将会误动。解决措施是另加一个电抗型继电器，该继电器再与用正序电压的记忆值为极化量的阻抗继电器构成逻辑"与"的关系，组成复合阻抗继电器。

当串补电容在保护安装处的反方向，对于方向阻抗继电器只要 $|X_C| < |X_{set}|$，继电器就要误动。如果是三相短路，假如 $|X_C| > |X_{set}|$，在短路初始阶段和稳态，前述复合阻抗继电器都不会误动。假如 $|X_C| < |X_{set}|$，在短路初始阶段，复阻抗继电器不会误动，但是到了短路稳态阶段，复阻抗继电器将会误动。解决措施是设置两个以正序电压为极化量的阻抗继电器，这两个阻抗继电器的整定值相同，但是其极化量电压采用有不同记忆时间的正序电压。例如一个记忆三个周波，另一个记忆一个周波。这两个以正序电压为极化量的阻抗继电器再与电抗继电器共三个继电器组成一个复合阻抗继电器。这样就可以避免反向电容器后短路时的误动。

当串补电容在保护安装处的正方向，短路发生在电容器的后面，工频变化量阻抗继电器不会拒动。但当串补电容在相邻线路出口，短路点在电容器的后面，工频变化量阻抗继电器可能误动。采取措施，对于本线路有串联补偿电容或者相邻线路出口有串补电容情况下，采取加大工频变化量阻抗继电器动作方程中的制动量的措施。保护动作方程为

$$\left| \Delta U_{op} \right| > \left| \Delta \overset{\Box}{E}_F \right| + \left| U_{pr} \right|$$

U_{pr} 是串联补偿电容装置的保护级电压。

当串补电容在保护安装处的反方向，当 $|X_C| > |X_{set}|$，工频变化量阻抗继电器可能误动。采取措施是设置两个工频变化量阻抗继电器。其中一个，其定值按整定计算的要求即继电器所在线路阻抗的 0.8 倍整定，另一个其定值整定的比较大。这两个继电器构成逻辑"与"的关系。在正方向短路时，保护动作区域与整定计算为线路阻抗的 0.8 倍整定的继电器区域相同。在反方向短路时，用整定阻抗大的那个工频变化量阻抗继电器防止保护的误动。

第四节 距离保护的整定计算及保护程序逻辑

一、接地距离保护整定方法

（一）接地距离Ⅰ段整定方法

一般可采用如下两种整定方法：

（1）对于一般线路，按躲本线路末端故障来整定

$$Z_{\text{set.I}} \leqslant K_{\text{rel}}Z_1 \tag{5-44}$$

式中：Z_1 为本线路正序阻抗；可靠系数 $K_{\text{rel}} \leqslant 0.7$。

动作时间：$t_1 = 0\text{s}$。

（2）对单回线送变压器终端方式，送电侧保护伸入受端变压器，但不伸出变压器另一侧母线

$$Z_{\text{set.II}} \leqslant K_{\text{rel}}Z_1 + K_{\text{KT}}Z_{\text{T}}' \tag{5-45}$$

式中：Z_1 为本线路正序阻抗；可靠系数 $K_{\text{rel}} = 0.8 \sim 0.85$；$K_{\text{KT}} \leqslant 0.7$；$Z_{\text{T}}'$ 为受端变压器正序阻抗。

动作时间：$t_1 \geqslant 0\text{s}$。

（二）接地距离Ⅱ段整定方法

对距离Ⅱ段，应当首先满足对线路末端的灵敏度，兼顾选择性和速动性。

（1）相邻线路仅有接地距离时，按与相邻线路接地距离Ⅰ段或Ⅱ段配合。

1）与相邻线路接地距离Ⅰ段配合

$$Z_{\text{set.II}} \leqslant K_{\text{rel}}Z_1 + K_{\text{rel}}K_z Z_{\text{set.I}}' \tag{5-46}$$

式中：Z_1 为本线路正序阻抗；可靠系数 $K_{\text{rel}} = 0.7 \sim 0.8$；$Z_{\text{set.I}}'$ 为相邻线路接地距离Ⅰ段动作阻抗；K_z 为助增系数，选用正序助增系数与零序助增系数两者中的较小值。

2）与相邻线路接地距离Ⅱ段配合计算，将式（5-46）中 $Z_{\text{set.I}}'$ 改为 $Z_{\text{set.II}}'$。

上述公式未考虑零序互感问题。由于计算机可直接计算出相邻线路接地距离Ⅰ段或Ⅱ段保护范围末端故障时流过保护安装处的相电流和相电压，因此可用更简单的计算公式

$$Z_{\text{set.II}} \leqslant K_{\text{rel}} \frac{\overset{\square}{U_\varphi}}{\overset{\square}{I_\varphi} + K3I_0} \tag{5-47}$$

该公式还适合有零序互感的情形，只要计算机在计算相电流和相电压时考虑了零序互感影响。

动作时间按照时间配合关系整定。

（2）相邻线路有纵联保护时，按与相邻线路纵联保护配合整定，躲过相邻线路末端接地故障

$$Z_{\text{set.II}} \leqslant K_{\text{rel}} Z_1 + K_{\text{rel}} K_z Z_1^{'} \tag{5-48}$$

式中：$Z_1^{'}$ 为相邻线路正序阻抗；可靠系数 $K_{\text{rel}}=0.7\sim0.8$；$Z_{\text{set.I}}^{'}$ 为相邻线路接地距离Ⅰ段动作阻抗；K_z 为助增系数，选用正序助增系数与零序助增系数两者中的较小值。

动作时间：$t_{\text{II}} \approx 1.0\text{s}$。

按式（5-48）计算相对简单，但式中仍未考虑零序互感等影响。在用计算机进行整定计算时仍可用式（5-47），只是故障点选择为相邻线路末端。

（3）如相邻线路仅有零序电流保护时，按与相邻线路零序电流Ⅰ（Ⅱ）段配合。由于微机保护一般均配有接地距离保护，因此不考虑此种配合。如果确需和相邻线路零序电流保护配合，建议用计算机进行计算，首先求出相邻线的零序电流Ⅰ段和Ⅱ段最小保护范围，然后求出在相邻线路零序保护最小范围末端短路时流过保护的相电流和相电压，最后用相关公式进行计算。

（4）当按照（1）～（3）的方法配合无法满足灵敏度要求时，可按本线路末端接地故障有足够灵敏度整定

$$Z_{\text{set.II}} \geqslant K_{\text{sen}} Z_1 \tag{5-49}$$

式中：Z_1 为本线路正序阻抗；K_{sen} 为灵敏系数，$K_{\text{sen}}=1.3\sim1.5$。

动作时间：按配合关系整定。

按此原则整定确保了接地距离Ⅱ段对本线路末端接地故障的灵敏度，但其保护范围可能会延伸得较远，在灵敏度上不能取得配合，在动作时间上应尽可能取得配合，否则按完全不配合点处理。

（5）校验与相邻变压器保护配合关系。接地距离Ⅱ段保护范围一般不应超过相邻变压器的其他各侧母线，应进行校验。

（三）接地距离Ⅲ段整定方法

接地距离Ⅲ段的整定计算方法应同时考虑躲最小负荷阻抗及和相邻接地距离Ⅱ段或Ⅲ段配合。

1. 躲最小负荷阻抗

$$Z_{\text{set.III}} \leqslant K_{\text{K}} Z_{\text{f}} \qquad (5\text{-}50)$$

式中：Z_{f} 按实际阻抗元件可能见到的事故过负荷最小负荷阻抗（应配合阻抗元件的实际动作特性进行检查）整定；$K_{\text{K}} \leqslant 0.7$。

$$Z_{\text{f}} = \frac{(0.95U)^2}{P_{\text{max}} / \cos\varphi}$$

式中：U 为线路运行电压；P_{max} 为最大事故负荷有功功率；$\cos\varphi$ 为功率因数。

对于不同特性阻抗继电器，在进行电阻分量定值计算时其整定方法有差异，应参考其技术说明书进行整定。

2. 与相邻接地距离 II 段或 III 段配合

保护范围的配合计算公式同 II 段与 I 段类似，因此也存在计算公式的简化问题。

动作时间按照上下级配合关系进行，也可考虑采用最大固定时间的方式。

二、相间距离保护整定方法

相间距离保护的整定计算由于不存在零序助增、零序电流补偿、零序互感等因素的影响，相对接地距离要简单得多，在整定计算方法及配合原则上和接地距离有许多类似的地方，下面仅介绍两者之间的不同。

（一）相间距离 I 段整定方法

整定方法同接地距离 I 段，只是可靠系数 K_{rel} 的选择上，由于相间距离保护的误差影响小得多，因此可取为 $K_{\text{rel}}=0.8\sim0.85$。按此法进行，其保护范围比接地距离 I 段更大。

（二）相间距离 II 段整定方法

相间距离 II 段的整定方法一般考虑和相邻线路距离 I 段或 II 段配合，有纵联保护时可与纵联保护配合，并保证满足本线路末端的灵敏度要求，同时校核是否可躲过变压器其他侧母线故障。

距离 II 段 $K_{\text{rel}}=0.8\sim0.85$。

（三）相间距离 III 段整定方法

整定方法同接地距离 III 段。

三、距离保护逻辑程序

图 5-36 所示为 RCS-901A 型距离保护逻辑框图。

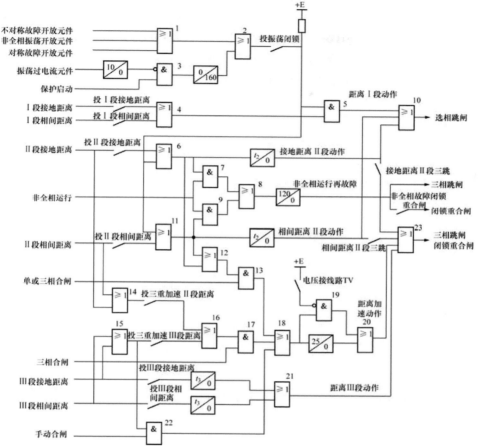

图 5-36 RCS-901A 型距离保护逻辑框图

（1）若用户选择"投负荷限制距离"，则Ⅰ、Ⅱ、Ⅲ段的接地和相间距离需经负荷限制继电器闭锁。

（2）保护启动时，如果按躲过最大负荷电流整定的振荡闭锁过电流元件尚未动作或动作不到 10ms，则开放振荡闭锁 160ms。另外不对称故障开放元件、对侧故障开放元件和非全相运行振荡闭锁开放元件任一元件开放，则开放振荡闭锁。用户可选择"投振荡闭锁"去闭锁Ⅰ、Ⅱ段距离，否则距离保护Ⅰ、Ⅱ段不经振荡闭锁而直接开放。

（3）非全相运行再故障时，距离Ⅱ段受振荡闭锁开放元件控制，经 120ms 延时三相加速跳闸。

（4）合于故障线路时三相跳闸有两种方式：①受振荡闭锁控制的Ⅱ段距离继电器在合闸过程中三相跳闸；②在三相合闸时，还可选择"投三重加速Ⅱ段距离"、"投三重加速Ⅲ段距离"、由不经振荡闭锁的Ⅱ段或Ⅲ段距离加速跳闸。手合时总是加速Ⅲ段距离。合闸于故障距离加速元件对母线 TV 经 10ms 延时动作，对线路 TV 经 25ms 延时动作。

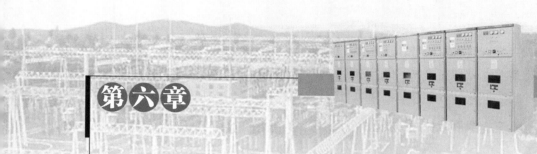

第六章

线路纵联保护原理及程序逻辑

第一节　概述

前述过电流保护、零序过电流保护、距离保护都是仅反应线路一侧电气量的保护，这种保护Ⅰ段动作速度很快但只保护线路一部分，Ⅱ段虽可保护全线路，但不可能区分本线路末端和下一线路始端故障，为了保证保护动作的选择性，要有一定的时间延时，即只反应线路一侧电气量的保护不能快速切除本线路以内的故障。为了弥补上述保护的不足，在高压线路上配置有线路纵联保护。所谓线路纵联保护，是当线路内部故障时，线路两端的电气量通过某种通道进行纵向交换比较，当判断是区内故障时快速动作跳开线路两侧断路器，当判断是区外故障时保护闭锁不动。

一、纵联保护的分类

（1）纵联保护按照所利用的通道类型分为四种类型：

1）导引线纵联保护（简称导引线保护）；

2）电力线载波纵联保护（简称载波保护）；

3）微波纵联保护（简称微波保护）；

4）光纤纵联保护（简称光纤保护）。

（2）纵联保护按照保护构成原理分为三种类型：

1）纵联方向保护；

2）纵联距离保护；

3）纵联差动保护。

纵联方向保护、纵联距离保护是通过通道比较线路两侧的逻辑量，即系统发生故障时两侧保护发出"闭锁"或"允许"逻辑信号，保护根据收到"闭锁"

或"允许"逻辑信号，及本保护的动作情况区分是区内故障还是区外故障，区内故障保护动作跳闸，区外故障保护闭锁。

纵联差动保护是通过通道将线路两侧的电流量进行比较。

二、纵联保护通道类型

1. 导引线通道

这种通道需要敷设与被保护线路一样长的电力电缆，电缆中可直接传送交流电量。引线越长，安全性越低。在中性点接地系统中，除了雷击外，在接地故障时地中电流会引起地电位升高，也会产生感应电压，对保护和人身安全构成威胁，也会造成保护不正确动作。所以导引线的电缆必须有足够的绝缘水平，其投资随线路长度的增加而增加。因此，由导引线通道构成的纵联保护一般只用于短线路。

2. 电力线载波通道

电力线载波通道有两种构成方式：一种为"相—地"制，如图 6-1 所示，由输电线路的某一相与大地构成通道；另一种为"相—相"制，如图 6-2 所示，是由输电线路某两相构成通道，一般通道频率在 50～400kHz 间。载波通道的主要构成元件有阻波器、耦合电容器、连接滤波器、高频收发信机、接地开关、放电间隙等。阻波器的作用是将高频率信号限制在输电线路范围内。耦合电容器的作用是隔离工频高电压，防止高压侵入收发信机，以及与连接滤波器配合，将高频电流信号送到输电线路上。连接滤波器与耦合电容器一起构成带通滤波器，用来使高频电流顺利通过，同时将收发信机与工频高压设备进一步隔离，以保证设备和人身安全。高频电缆用来连接高频收发信机和连接滤波器的专用电缆。收发信机用来发送和接收高频信号，将继电保护部分输出的测量信息转换成高频信号发送到线路对侧，并将对侧发来的高频信号经放大、解调，取出测量信息供继电保护用。放电间隙防止过电压对连接滤波器的损坏。接地开关在检修连接滤波器时接通，使耦合电容器下端可靠接地。

当采用"相—地"制通道时，在线路中点发生单相短路接地故障时衰减与正常时基本相同，但在线路两端故障时衰减显著增大，受到的干扰较大。一般用在闭锁式保护中，通道两端发信机发信频率相同，属于专用通道，只用来传送保护信号。当采用"相—相"制时通道时，在单相短路接地故障时高频电流能够传输，但在三相短路时不能传输。这种通道一般用在允许式保护中，通道两端发信机发信频率不同，收信机只接收对端发出的高频信号。正常情况下收发信机发功率较小的监频信号以监视通道的完好性，当系统故障需发保护信号时收发信机停发监频信号而改发增大了的发信功率信号。

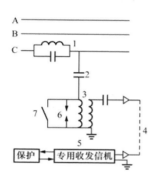

图 6-1 "相—地"制电力线载波通道

1—阻波器；2—耦合是容器；3—连接滤波器；
4—高频电缆；5—收发信机；
6—放电间隙；7—接地开关

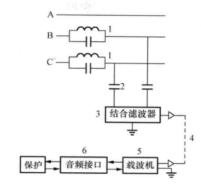

图 6-2 "相—相"制电力线载波通道

3．微波通道

300MHz～3000GHz 的电磁波都称为微波，微波通道与电力输电线路没有直接的联系，输电线路发生故障时不会对微波通信系统产生任何影响。微波通道是一种多路通信系统，可以提供足够的通道。微波信号传送距离一般不超过 40～60km，若超过这个距离，就要增设微波中继站来转送。

4．光纤通道

光纤通道具有与微波通道相同的优点，传送的信号频率在 10^{14}Hz 左右。随着光纤价格的降低，光纤通信在电力系统中大量使用，运用光纤通道的纵联保护越来越多。

三、纵联保护中逻辑信号的作用

纵联保护中逻辑信号可分为闭锁信号、允许信号和跳闸信号三种。

1．闭锁信号

闭锁信号逻辑如图 6-3（a）所示。高频信号是一种闭锁信号，收到高频信号是保护不跳闸的充分条件，收不到高频信号是保护跳闸的必要条件。如果采用电力线载波通道，传送闭锁信号通道大多数是专用通道，线路两侧通道中的收发频率是一样的，收信机既能接受本侧的信号，也可以接收对侧的信号。

2. 允许信号

允许信号逻辑图如图 6-3（b）所示。高频信号是一种允许信号，收到高频信号是保护跳闸的必要条件，收不到高频信号是保护不跳闸的充分条件。随着光纤的普及，光纤通道传送允许信号的方式也较多。允许信号只能接收本线对侧信号，不接收线路本侧允许信号，如果采用载波通道，线路一侧收与发的信号频率不同。

3. 跳闸信号

跳闸信号逻辑图如图 6-3（c）所示。高频信号是一种跳闸信号，收到高频信号保护就动作于跳闸。目前，我国保护中没有使用这种信号方式。

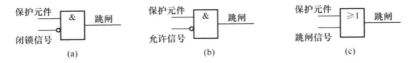

图 6-3　纵联保护信号逻辑
（a）闭锁信号；（b）允许信号；（c）跳闸信号

第二节　线路纵联方向保护原理及程序逻辑

纵联方向保护根据保护中高频逻辑信号的作用不同分为闭锁式纵联方向保护和允许式纵联方向保护两种。

一、闭锁式纵联方向保护

纵联方向保护是由线路两侧的方向元件分别对故障的方向做出判断，一般规定电流从母线指向线路的方向为正方向，从线路指向母线的方向为反方向，然后对两侧的故障方向进行比较，确定是区内故障还是区外故障。当保护区内故障时，线路两侧方向元件都判定是正方向，两侧不发闭锁信号，两侧收信机收不到闭锁信号，保护动作跳开两侧开关。当保护区外故障时，近故障侧方向元件判定为反方向，近故障侧发出闭锁信号，将本侧和对侧保护闭锁。系统故障时，方向的变化及闭锁信号的作用如图 6-4 所示。

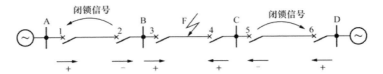

图 6-4　闭锁式纵联方向保护短路电流方向示意图

（一）闭锁式纵联方向保护逻辑原理

闭锁式纵联方向保护逻辑框图如图 6-5 所示。保护一般以电流元件作为启动元件，例如以零序电流元件或电流突变量元件为启动元件，分为高、低两个定值，低定值灵敏度较高去启动发信机发信，高定值灵敏度较低去启动保护故障计算程序。启动元件用来判断系统是否发生了故障，无论是正方向故障还是反方向故障，只要故障电流值超过整定值，启动元件就动作。D_+是正方向元件，在正方向故障时 D_+ 动作。D_-是反方向元件，在反方向故障时 D_- 动作。RK 为弱馈功能选择。

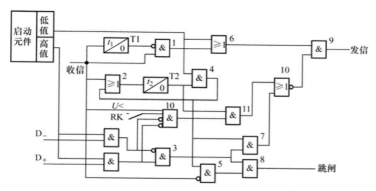

图 6-5　闭锁式纵联方向保护逻辑框图

在正常运行时，启动元件及方向元件都不动作，与门 7 无输出，或门 10 输出"1"，通道内无高频信号。线路保护区内故障时，两侧启动元件动作，经或门 6 至与门 9 首先发信。两侧收信机收到信号，通过或门 2 经 t_2 延时，与启动元件一起至与门 4，与门 4 输出"1"，至与门 7，同时两侧方向元件判断为正方形故障，D_+"1"，D_-"0"，禁止门 3 输出"1"至与门 7，与门 7 输出"1"，与门 11 输出"0"，或门 10 输出"0"，两侧发信机停信。两侧收信机输出"0"，与门 5 输出"1"至与门 8，保护发出跳闸令。保护区外故障时，远故障侧启动元件动作，正方向元件 D_+ 动作，反方向元件 D_- 不动作，保护短时发信后停信。近故障侧启动元件动作，启动发信，正方向元件 D_+ 不动作，反方向元件 D_- 动作，与门 7 没有输出，近故障侧长时间发信。两侧保护收到信号，将与门 5 闭锁，与门 8 不会有输出，两侧保护不发跳闸令。

从上述过程中可以看出，区内故障时保护也要短时发信，即收信经 t_2 延时到与门 7 才停信，与门 8 也要求收信机有输出，同时正方向元件动作，反方向元件不动，才能出口跳闸。这样做的目的是检测收信机工作良好，防止区外故障时，远故障侧的收信机工作不正常无收信输出，导致越级跳闸。

（二）装置启动发信元件

1. 保护启动发信

从图 6-5 中可以看到，系统故障时保护启动元件低定值动作，经与门 6、9 启动发信机发信。在停信元件动作后，与门 7 输出停止发信。

2. 远方启动发信

闭锁式保护应具有远方启动发信功能。设置远方启动发信元件的作用有两个：

（1）防止发生区外故障，由于近故障侧的启动发信元件因故不能启动发信时，远故障侧收不到闭锁信号而动作就可能误跳闸。如图 6-4 中，BC 线发生故障，对于 AB 线来说是区外故障，应由 2 处的保护发出闭锁信号，将 1 处保护闭锁，如因某种原因保护 1 处低定值启动元件没有动作可能造成 2 处保护误动。具有了远方启动发信元件，则远故障侧 1 处保护短时启动发信，近故障侧 2 处在本侧低定值元件没有启动的情况下收到远故障侧 1 处发来的信号，通过远方启动发信回路发出连续的闭锁信号，使远故障侧保护不误动。

（2）方便通道检测。当纵联方向保护使用电力线载波通道作为专用通道时，正常运行时一般通道不工作，在发生故障时才传送保护信号。为了防止系统故障时通道不正常工作影响保护动作，需定时检查通道是否正常工作。

3. 通道检测启动发信（对于使用电力线载波通道）

根据保护运行的需要，通道检查应该满足下列要求：

（1）线路每侧都能单独进行通道检查。

（2）通道检查时应能分别检查对侧单独发信、两侧同时发信及本侧单独发信时的通道工作情况。

（3）通道检查应能在线路正常运行、单侧断路器断开或双侧断路器断开时都可进行。

（4）通道检查过程中如遇系统发生故障，应能立即转入保护启动发信和保护停信，停止通道检测。

专用收发信机通道逻辑如图 6-6 所示。

一侧按下启信发信按钮，本侧发信 200ms，然后停信 5s，再发信 10s。对侧收到信号立即发信 10s。通道检测时，通道中的高频信号如图 6-7 所示。

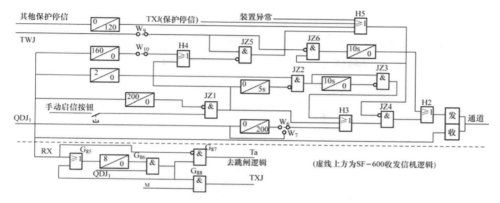

图 6-6　专用收发信机通道逻辑

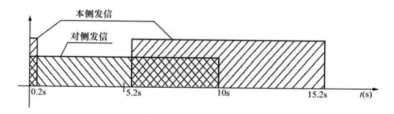

图 6-7　通道检测线路两侧发信示意图

（三）装置停信元件

1. 正方向元件动作停信

如图 6-5 所示，正方向元件 D+动作，反方向元件 D_不动，启动元件高定值动作，同时收到 t_2 时间的高频信号后，保护停信。正方向元件受反方向元件控制，并要求反方向元件的灵敏度高于正方向元件。反方向元件闭锁正方向元件的主要原因是防止在双回线路中或环网中，如果本线路外另一条线路发生故障，线路两侧断路器跳闸时间不同，导致本线路功率倒向而使纵联方向保护误动。如图 6-8 所示，Ⅰ号线 K 点发生故障，Ⅱ号线短路电流方向为从 A 侧流向 B 侧，保护安装处 3 的方向为正方向，保护安装处 4 为反方向，对于Ⅱ号线闭锁式纵联方向保护来说，4 处发出闭锁信号，将 3 处闭锁纵联方向保护闭锁，保护不动。

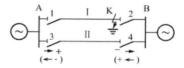

图 6-8　功率倒向示意图

当故障线路 2 处断路器先于 1 处跳闸，Ⅱ号线短路电流方向立即发生变化，由 B 侧流向 A 侧即功率倒向，如果 4 处闭锁信号返回速度比 3 处保护返回速度快，有可能造成 3 处保护误动越级跳闸。而保护中加有反方向元件，并且要求反方向元件灵敏度高于正方向元件,在功率倒向时 3 处的反方向元件就会首先动作,发出闭锁信号闭锁Ⅱ号线两侧保护,防止保护误动跳闸。另外保护还加有延时,防止功率倒向保护误动,即纵联方向保护在一定时间内不动作(收信时间满一定时间),保护再要动作就再加一段时间的延时。第一个时间是用来判断是区外故障,时间为短路到功率倒向的时间,后一个延时时间用来躲过两端方向元件不同时变化带来的影响。

2. 其他保护动作停信

其他保护动作停信主要指母差保护和失灵保护动作停信。母差保护动作停信的目的是:①当线路断路器与 TA 之间故障时,母差保护动作跳开断路器,但故障点未切除,母差动作停信,对侧闭锁式纵联保护动作加速故障切除速度;②当母线故障,母差保护动作,但线路断路器拒动,母差动作停信,对侧闭锁式纵联保护动作加速故障切除速度。对于 3/2 接线方式,母差保护动作触点不应接其他保护动作停信,因为当母线故障时,跳开边断路器,还有中断路器在运行,线路仍然可以继续运行,线路对端断路器不应跳闸。如果在断路器与电流互感器之间发生短路,母线保护动作跳开边断路器后,故障电流仍然存在,此时失灵保护会动作,由失灵保护动作停信使线路对端闭锁式纵联方向保护动作跳闸。

3. 本保护动作停信

线路微机保护为成套装置,在一套微机保护装置中除了纵联保护外还有其他保护。本保护动作停信是指一套微机保护中除纵联保护外的其他保护。

本保护动作停信元件的作用如下:

(1)本保护装置的后备保护动作(如距离Ⅰ段动作)而纵联保护正方向元件没有动作,如线路正向出口和反向出口故障同时存在,距离Ⅰ段能够动作,而纵联保护的正方向元件可能会被反向元件闭锁而不停信。在这种情况下需要本保护动作信号去停信,加速对侧纵联保护的动作。

(2)在线路上发生区内故障,对侧的纵联保护正方向元件动作灵敏度不够,只有在本侧保护跳开后,对侧的纵联保护正方向元件才能相继动作,此时需要本侧的本保护动作停信延时 120ms 返回,以保证对侧能够可靠地相继动作。

4. 三跳位置停信

三跳位置停信的作用是在断路器断开的情况下使收发信机处于停信状态,解除远方启动发信元件的作用。其目的是本侧对空线路充电时,如果线路有故障,本侧正方向元件动作,短时启动发信,如果对侧没有三跳位置停信,就会被远方启动回路启动发出连续的信号将本侧纵联方向保护闭锁。

本侧检测通道时闭锁三跳位置停信功能，对侧持续收到信号 160ms 后闭锁三跳位置停信功能。

本侧断路器合闸时，应闭锁三跳位置停信，这样做的目的是防止对侧断路器处于合闸状态，而本侧手动合闸或重合闸动作，由于断路器三相不同时合闸，对侧的某种正方向元件会瞬时停信，而本侧三相跳闸位置继电器还未来得及返回而处于停信状态发不出闭锁信号，引起对侧闭锁式纵联保护误动作。

5. 弱馈保护停信

双侧电源线路受电侧容量极小，甚至无电源称为弱馈线。弱馈保护作为线路弱电源端或无电源端的纵联保护，使纵联保护在线路区内故障时能做全线速动。

弱馈侧判断正反方向故障的依据是，在弱馈侧设置低压、电流元件或反方向元件，在线路区内故障时，弱馈侧母线电压低（或无），流过保护安装处电流小（或无），反方向元件不动作；在弱馈侧反方向故障时，弱馈侧母线电压高，流过保护安装处电流大，反方向元件动作。因此，如果弱馈侧母线电压很低、电流很小或反方向元件没动作，就认为不是本侧反方向故障。

如图 6-5 所示，弱馈侧 RK 置 1，在弱馈正方向发生短路时，强电侧判为正方向故障，会短时发信，弱馈侧如果高、低定值启动元件都没有动作，正、反方向元件没有动作，弱馈侧电压低（检测到任意一相电压或相电压低于 0.6 倍额定电压），弱馈侧停信，强电侧收不到持续闭锁信号，保护动作跳闸。如果弱馈侧高定值启动元件动作，低定值元件一定动作，正、反方向元件都不动作，电压低，弱馈侧收到 t_2 时间信号后与门 11 输出 "1"，弱馈侧停信，强电侧收不到持续闭锁信号，保护动作跳闸。如果弱馈侧高定值起动元件没动作，低定值元件动作，弱馈侧依然会停信，强电侧收不到持续闭锁信号，保护动作跳闸。在弱馈反方向发生短路时，弱馈侧高、低定值启动元件动作，正方向元件不动、反方向元件动作，与门 7、11 输出 "0"，保护持续发信，闭锁保护。

（四）纵联方向保护的方向元件

1. 对方向元件的要求

（1）能反应所有类型的故障。

（2）不受负荷的影响，在正常负荷状态下不启动。

（3）不对称故障时非故障相不误判方向。

（4）不受振荡影响，即在振荡无故障时不误动，振荡中再故障时仍能动作。

（5）在两相运行时仍能起保护作用。

（6）快速动作。

纵联方向保护中用到的方向元件有工频变化量方向元件、能量积分方向元件、负序方向元件、零序方向元件和距离方向元件等，而功率方向继电器不能作为纵联方向保护中的方向元件。各种方向元件都有其优缺点，一般一套保护装置选用几种方向元件配合使用，不同厂家的装置配合方式不同，但纵联方向保护基本原理大体一样。

2. 工频变化量方向元件

在第四章第二节中已经介绍了工频变化量的基本概念，这里再来介绍一下工频变化量方向元件。图 6-9 是线路正反故障时的附加网络图。

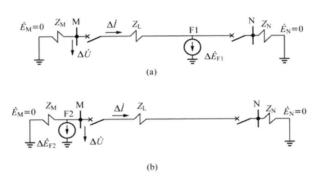

图 6-9　线路正反故障时的附加网络图
（a）正方向故障时附加网络图；（b）反方向故障时附加网络图

设电流的正方向为母线指向被保护线路，假设两端系统阻抗与线路阻抗为纯感性阻抗。

正方向故障时

$$\Delta \overset{\square}{U} = -Z_{M}\Delta \overset{\square}{I}$$

$$\frac{\Delta \overset{\square}{U}}{\Delta \overset{\square}{I}} = -Z_{M}$$

$$\arg\left(\frac{\Delta \overset{\square}{U}}{\Delta \overset{\square}{I}}\right) = -e^{j\varphi_{M}} = -e^{j90^{\circ}}$$

$\Delta \overset{\square}{U}$ 超前 $\Delta \overset{\square}{I}$ 270°。

反方向故障时

$$\Delta \dot{U} = (Z_\mathrm{N} + Z_\mathrm{L})\Delta \dot{I}$$

$$\frac{\Delta \dot{U}}{\Delta \dot{I}} = Z_\mathrm{N} + Z_\mathrm{L}$$

$$\arg\left(\frac{\Delta \dot{U}}{\Delta \dot{I}}\right) = \mathrm{e}^{\mathrm{j}\varphi_{\mathrm{NL}}} = \mathrm{e}^{\mathrm{i}90^\circ}$$

$\Delta \dot{U}$ 超前 $\Delta \dot{I}$ 90°。

为提高灵敏度，采用正负电压、电流的综合故障分量 $\Delta \dot{U}_{12}$、$\Delta \dot{I}_{12}$ 来判断方向。

$$\Delta \dot{U}_{12} = \Delta \dot{U}_1 + M\Delta \dot{U}_2, \quad \Delta \dot{I}_{12} = \Delta \dot{I}_1 + M\Delta \dot{I}_2$$

M 是转换因子，根据不同的故障类型，可选择不同的值。

工频变化量方向元件判据为：

正向 $\qquad 0° < \arg\dfrac{\Delta \dot{U}_{12}}{-\Delta \dot{I}_{12}} < 180° \Rightarrow 180° < \arg\dfrac{\Delta \dot{U}_{12}}{\Delta \dot{I}_{12}} < 360°$ （6-1）

反向 $\qquad 180° < \arg\dfrac{\Delta \dot{U}_{12}}{-\Delta \dot{I}_{12}} < 360° \Rightarrow 0° < \arg\dfrac{\Delta \dot{U}_{12}}{\Delta \dot{I}_{12}} < 180°$ （6-2）

可见按 $\Delta \dot{U}$ 和 $\Delta \dot{I}$ 比相原理构成的正方向元件动作区域没有重叠，具有明确的方向性。但是工频变化量正方向元件在下面运行情况下可能会存在灵敏度不足的问题，如果 M 端为大系统，线路 MN 较长，N 端附近发生故障，M 端的附加电压为

$$\Delta \dot{U}_{12} = Z_\mathrm{M} \times \frac{\Delta \dot{E}_\mathrm{F}}{Z_\mathrm{M} + Z_\mathrm{L}}$$

M 端为大系统→$Z_\mathrm{M} \approx 0$，线路 MN 较长→$Z_\mathrm{M} \ll Z_\mathrm{L}$

所以 $\Delta \dot{U}_{12}$ 会变得很小，工频变化量正方向元件就会出现电压灵敏度不足困难。为了解决这一问题，设补偿阻抗 Z_com，Z_com 幅值足够大，阻抗角与 Z_M 相同。

补偿电压量 $\qquad \Delta \dot{U}'_{12} = \Delta \dot{U}_{12} - Z_\mathrm{com}\Delta \dot{I}_{12} = -(Z_\mathrm{M} + Z_\mathrm{com})\Delta \dot{I}_{12}$

$\Delta \dot{U}'_{12}$ 与 $\Delta \dot{U}_{12}$ 相位相同，$\Delta \dot{U}'_{12}$ 比 $\Delta \dot{U}_{12}$ 幅值大很多。

补偿正方向元件动作判据为 $90° < \arg\dfrac{\Delta \dot{U}'_{12}}{\Delta \dot{I}_{12} Z_\mathrm{d}} < 270°$ （6-3）

由以上分析可知，由反应故障分量构成的方向元件具有以下几个特点：

（1）不受负荷状态的影响。

（2）不受故障点过渡电阻的影响。

（3）故障分量的电压、电流间的相角由母线背后的系统阻抗决定，方向性明确。

（4）可消除电压死区。

3. 能量积分方向元件

当系统中发生故障时，根据叠加原理，系统发生故障后可分解成正常系统和故障分量系统。线路正反方向短路时，故障分量系统如图 6-9 所示。对应线路两端的故障分量有功能量为

$$\Delta W_{\mathrm{m}} = \int_0^{T/2} \Delta u_{\mathrm{m}\_k(t)} \Delta i_{\mathrm{m}\_k(t)} \cos \varphi_{\mathrm{m}(t)} \mathrm{d}t \qquad (6\text{-}4)$$

$$\Delta W_{\mathrm{n}} = \int_0^{T/2} \Delta u_{\mathrm{n}\_k(t)} \Delta i_{\mathrm{n}\_k(t)} \cos \varphi_{\mathrm{n}(t)} \mathrm{d}t \qquad (6\text{-}5)$$

式中：$T/2$ 为半个采样周期，$\Delta u_{\mathrm{m}\_k(t)}$、$\Delta u_{\mathrm{n}\_k(t)}$ 分别为 M 侧、N 侧电压突变量瞬时值；$\Delta i_{\mathrm{m}\_k(t)}$、$\Delta i_{\mathrm{n}\_k(t)}$ 分别为 M 侧、N 侧电流突变量瞬时值；$\cos \varphi_{\mathrm{m}(t)}$ 是 $\Delta u_{\mathrm{m}\_k(t)}$ 与 $\Delta i_{\mathrm{m}\_k(t)}$ 之间的相位角；$\cos \varphi_{\mathrm{n}(t)}$ 是 $\Delta u_{\mathrm{n}\_k(t)}$ 与 $\Delta i_{\mathrm{n}\_k(t)}$ 之间的相位角。

正常运行时因为没有突变量，所以 $\Delta W = 0$。

M 侧正方向短路故障时 $\Delta W_{\mathrm{m}} = \int_0^{T/2} \Delta u_{\mathrm{m}\_k(t)} \Delta i_{\mathrm{m}\_k(t)} \cos \varphi_{\mathrm{m}(t)} \mathrm{d}t > 0$

M 侧反方向短路故障时 $\Delta W_{\mathrm{m}} = \int_0^{T/2} \Delta u_{\mathrm{m}\_k(t)} \Delta i_{\mathrm{m}\_k(t)} \cos \varphi_{\mathrm{m}(t)} \mathrm{d}t > 0$

因此，保护判据如下：

正方向元件 $\quad \Delta W_{\mathrm{m}} = \int_0^{T/2} \Delta u_{\mathrm{m}\_k(t)} \Delta i_{\mathrm{m}\_k(t)} \cos \varphi_{\mathrm{m}(t)} \mathrm{d}t > \Delta W \qquad (6\text{-}6)$

反方向元件 $\quad \Delta W_{\mathrm{m}} = \int_0^{T/2} \Delta u_{\mathrm{m}\_k(t)} \Delta i_{\mathrm{m}\_k(t)} \cos \varphi_{\mathrm{m}(t)} \mathrm{d}t < -\Delta W \qquad (6\text{-}7)$

ΔW 为能量定值，是大于零的实数。在实际运行中可根据系统的情况选择一合适的值，用以躲过正常运行的不平衡能量。

能量积分方向元件具有以下优点：

（1）能量函数不受故障暂态过程的影响，因此不需要滤波。

（2）从故障一开始，能量函数就有明确的方向性，并且在故障持续期间其方向性不会有任何改变，因此具有非常高的安全性，使保护的动作快速与安全性之间的矛盾得到了解决。

（3）对于一些特殊的系统故障，如串补线路故障，中性点经消弧线圈接地

系统的接地故障、充电长线路发生反向出口故障或故障切除等，由于受电容的影响，基于工频量的方向继电器难以判断故障方向，能量函数的方向性不受任何影响。

（4）反方向故障时反向侧能量大于正向侧的能量，在构成纵联方向保护时线路两侧的灵敏度自然得到配合。

二、允许式纵联方向保护

在允许式纵联方向保护中，线路两侧发信频率不同，收信机只能接收对侧信号，不能接收本侧信号。在线路区内故障时，线路两侧正方向元件启动向对侧发允许信号，本侧正方向元件动作，并且收到对侧发来的允许信号，就可以跳闸；在外部故障时，近故障侧的反方向元件动作，不能向对侧发允许信号，远故障正方向元件动作但收不到允许信号，所以两侧保护均不动作。允许式纵联方向保护的作用原理如图 6-10 所示。

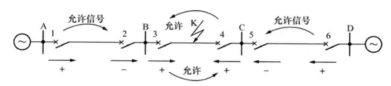

图 6-10　允许式纵联方向保护的作用原理

103

（一）允许式纵联方向保护动作逻辑

允许式纵联方向保护动作逻辑如图 6-11 所示，线路区内故障时，线路两侧启动元件动作，正方向元件动作，反方向元件不动，与门 1 输出"1"，向对侧发信，两侧收到对侧发来允许信号，与门 2 输出"1"，经 t 时间延时动作跳闸。

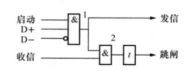

图 6-11　允许式纵联方向保护动作逻辑

（二）装置发信元件

1. 保护启动发信

启动元件动作，正方向元件动作，反方向元件不动，启动发信。允许式纵联方向保护从原理上讲并不一定要用灵敏度不同的两个启动元件。因为在区外短路时，即使一端启动元件动作另一端启动元件不同也不会造成保护误动。同理也不需要远方启动发信功能。另外允许式纵联方向保护如果使用的是电力线载波通道，这种通道一般为复用通道，通道在正常运行时载波机一直在发一个功率较小频率的导频信号，另一端收到信号表明通道是正常的，即正常运行时一直在检查通道状况，所以不需要手动通道检测回路。在系统发生故障时，根据方向元件的动作情况保护控制发送功率较大的另一种频率的运行跳闸信号。

同样在允许式纵联保护中也存在功率倒向的问题，解决的措施同闭锁式纵联方向保护，在此不再说明。

2. 其他保护动作发信

其他保护动作发信，主要指母差保护和失灵保护。母差保护动作发信的目的是：①当线路断路器与 TA 之间故障时，母差保护动作跳开断路器，但故障点未切除，母差动作发信，对侧允许式纵联保护动作加速故障切除速度；②当母线故障，母差保护动作，但线路断路器拒动，母差动作发信，对侧闭锁式纵联保护动作加速故障切除速度。对于 3/2 接线方式，母差保护动作触点不应接其他保护动作发信，因为当母线故障时，跳开边断路器，还有中断路器在运行，线路仍然可以继续运行，线路对端断路器不应跳闸。如果在断路器与电流互感器之间发生短路，母线保护动作跳开边断路器后，故障电流仍然存在，此时失灵保护会动作，由失灵保护动作发信使线路对端允许式纵联方向保护动作跳闸。

3. 本保护动作发信

本套微机保护装置任一种保护发三相跳闸命令后立即发信，并在跳闸命令返回后继续发信 150ms。本装置任一种保护发单相跳闸命令时只发信 150ms，这段时间可保证让对端可靠跳闸。因为既然本装置已发跳闸命令说明是本线路故障，立即向对端提供允许信号有利于对端保护可靠跳闸。

4. 断路器跳闸位置发信

三跳位置发信，本侧启动元件末动作，三相跳闸位置继电器都动作，同时三相确无电流，在收到对端的信号后立即启动向对端发允许信号。其目的是对侧对空线路充电时，如果线路有故障，本侧启动元件、正反方向元件都不动作，不会启动发信，对端保护就不会动作，为了使保护动作设三跳位置发信。三跳位置发信也称为"三跳回授"功能。

在启动元件启动后又收到任一相跳闸位置继电器动作的信号并确认该相无电流时马上启动向对端发允许信号，目的是让对端保护可靠跳闸。

5. 弱馈保护发信

在弱馈线区内故障时，如果弱馈侧启动元件不动作，或启动元件动作但方向元件不动作，保护不发信，将导致强电侧保护拒动。为了防止这种情况，采用下述措施：

（1）如果启动元件没有启动，当检测到任一相电压或相间电压低，且收到对端的允许信号时立即发信，发信时间保证对端纵联方向保护可靠动作跳闸。

（2）如果启动元件启动，当保护检测到所有的正、反方向元件都不动作，同时检测到任一相电压或相间电压低，且收到对端允许信号 5～8ms 时立即发信，发信时间保证对端纵联方向保护可靠动作跳闸。

6. 防止通道阻塞时允许式纵联方向保护拒动措施

允许式纵联方向保护在使用复用电力线载波通道时，在发生区内相间短路故障时，可能造成通道阻塞保护拒动。为了防止本线路故障时通道阻塞保护拒动，允许式保护设置了"解除闭锁方式"。这种方式相间故障时投入，并要求保护启动前导频信号正常。其逻辑如图 6-12 所示。

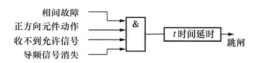

图 6-12 "解除闭锁"方式保护动作程序逻辑

（三）装置停信元件

在允许式纵联保护中，当反方向元件动作时，装置就停止发信。

三、纵联距离保护

纵联距离保护与纵联方向保护原理基本相同，只要把纵联方向保护中的正方向元件换成方向阻抗继电器，取消反方向元件，即可构成纵联距离保护。纵联距离保护也可以构成允许式和闭锁式保护。在允许式保护中，由距离保护 I 段启动发信的称为欠范围允许式，由距离保护 II 段或 III 段启动发信的称为超范围允许式。

纵联距离保护中的方向阻抗继电器同样在系统振荡中会误动，为了防止纵联距离保护受系统振荡的影响，在微机保护中，纵联保护与距离保护都在一套装置内，纵联距离保护的方向元件采用距离保护的方向阻抗继电器，这样容易实现纵联距离保护受振荡闭锁控制。

四、纵联方向保护动作程序逻辑

图 6-13 为纵联方向保护程序逻辑图，图中 $L_{\Sigma Q1}$ 为启动元件，SX 收信，FX 发信，$\Delta F+$、$\Delta F-$分别是工频变换量正、反方向元件，F0+、F0-分别是零序功

率正、反方向元件，$2L_0$、$3L_0$分别是零序电流定值，且$3L_0$定值小于$2L_0$定值，SW是保护功能软压板，SW=1相应功能投入，触点闭合。其中SW8为闭锁式允许式选择功能软压板，SW8=0保护选用闭锁式，SW=1保护选用允许式，L_A、L_B、L_C是三相线路电流元件，时间元件单位都为ms。

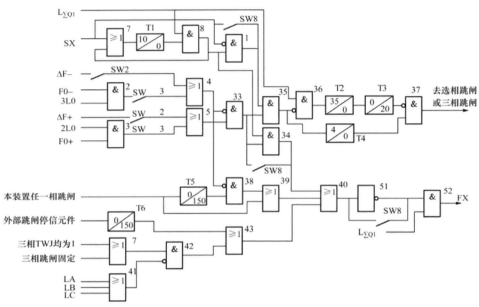

图 6-13　纵联方向保护程序逻辑图

在闭锁式时，启动元件动作即进入故障程序，收信机即被启动发闭锁信号。区内故障时，两侧启动元件动作发信，正方向元件元件动作反方向元件不动作，收信10ms后与门8输出"1"经与门34、或门40，反向器51，两侧停信，与门1输出"1"经T4延时4ms至跳闸回路。当本装置其他保护动作，或外部保护动作跳闸，或门4输出"1"立即停止发信，并在跳闸信号返回后，停信展宽150ms，但在本装置任一相跳闸展宽期间若反方向元件动作，立即返回，继续发信。三相跳闸固定回路动作或三相跳闸位置继电器均动作且无流时，始终停止发信。与门36、T2、T3回路为功率倒向延时回路。图中$L_{\Sigma Q1}$动作，35不动，表明区内没有检测到故障，36输出"1"，延时35ms后展开20ms闭锁37，此时若再发生区内故障，两侧均判断为正方向，35输出"1"，37仍被闭锁，20ms后才能开放跳闸回路。

在允许式时，区内故障，启动元件动作，正方向元件动作，反方向元件不动，33 经 SW8、49、SW8、52，启动向对侧发允许信号，收到信号至 35，经 T4 延时 4ms 至跳闸回路。其他在闭锁式中停信元件，在允许式中为发信元件，在这里不再赘述。

第三节　线路纵联电流差动保护原理及程序逻辑

电流差动保护以基尔霍夫电流定律为基础，它被广泛地应用于发电机、变压器、母线等诸多重要电气设备的保护。前述导引线保护也是使用了这一原理，但是限于导引线的通信能力和通信距离及其他方面的原因，导引线保护只能用于短线路。现在，随着光纤数字通信在电力系统中的大量使用，数字微波或数字光纤电流差动保护在超高压长距离输电线路上得到应用。

一、纵联电流差动保护基本原理

纵联电流差动保护在线路两侧安装相同变比和相同型号的电流互感器，两端电流互感器的极性端均置于靠近母线的一侧，如图 6-14 所示。

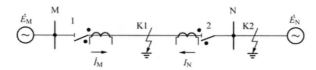

图 6-14　电流差动保护短路电流示意图

1. 分相电流差动保护元件

（1）一段比率式分相电流差动保护判据为

$$\left| \dot{I}_{\varphi M} + \dot{I}_{\varphi N} \right| > I_{CD} \tag{6-8}$$

$$\left| \dot{I}_{\varphi M} + \dot{I}_{\varphi N} \right| > k_{BL} \left| \dot{I}_{\varphi M} - \dot{I}_{\varphi N} \right| \tag{6-9}$$

式中：φ=A、B、C；$\dot{I}_{\varphi M}$、$\dot{I}_{\varphi N}$ 分别为本侧（M 侧）和对侧（N 侧）分相电流相量；I_{CD} 为分相差动电流定值，必须躲过在正常运行时的最大的不平衡电流；k_{BL} 为比率制动系数。两式同时满足时跳闸。

线路差动保护区内外故障时短路电流如图 5-14 所示，区内 K1 短路时，$\dot{I}_N$、$\dot{I}_M$ 相位相同，$\left| \dot{I}_{\varphi M} + \dot{I}_{\varphi N} \right| = I_k$，$\left| \dot{I}_{\varphi M} + \dot{I}_{\varphi N} \right| > \left| \dot{I}_{\varphi M} - \dot{I}_{\varphi N} \right|$，满足式（6-8）和式（6-9），

保护动作跳开线路两侧断路器。正常运行及区外 K2 点短路时，$\dot{I}_N$、$\dot{I}_M$ 大小相等，相位相反，$\left|\dot{I}_{\varphi M}+\dot{I}_{\varphi N}\right|<\left|\dot{I}_{\varphi M}-\dot{I}_{\varphi N}\right|$ 不满足式（6-8）和式（6-9），保护不动。

（2）两段比率式分相电流差动保护判据为

$$
\left.
\begin{array}{ll}
\left|\dot{I}_{\varphi M}+\dot{I}_{\varphi N}\right|>I_{CD} & \\
\left|\dot{I}_{\varphi M}+\dot{I}_{\varphi N}\right|>k_{BL1}\left|\dot{I}_{\varphi M}-\dot{I}_{\varphi N}\right| & \left(\text{当}\left|\dot{I}_{\varphi M}+\dot{I}_{\varphi N}\right|<I_{INT}\right) \\
\left|\dot{I}_{\varphi M}+\dot{I}_{\varphi N}\right|>k_{BL2}\left|\dot{I}_{\varphi M}-\dot{I}_{\varphi N}\right|-k_{BL2}I_b & \left(\text{当}\left|\dot{I}_{\varphi M}+\dot{I}_{\varphi N}\right|>I_{INT}\right)
\end{array}
\right\}
\quad（6-10）
$$

式中：I_{INT} 为两段比率差动特性曲线交点处的差流值，取为 TA 额定电流的 4 倍，即 $4I_N$；k_{BL1}、k_{BL2} 为比率制动系数，取为 0.5、0.7；$I_b=I_{INT}(k_{BL2}-k_{BL1})/(k_{BL1}k_{BL2})$ 为常数，即 $2.28I_N$。其动作特性如图 6-15 所示。

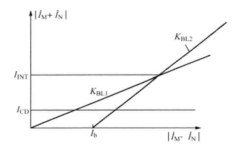

图 6-15　两段比率式分相电流差动保护的特性曲线

2. 零序电流差动保护元件

一般情况下分相电流差动保护可以满足灵敏度的要求，为进一步提高内部单相接地时的灵敏度，可采用零序电流差动元件。其动作方程为

$$
\left.
\begin{array}{l}
\left|\dot{I}_{0M}+\dot{I}_{0N}\right|>I_{0CD} \\
\left|\dot{I}_{0M}+\dot{I}_{0N}\right|>k_{BL}\left|\dot{I}_{0M}-\dot{I}_{0N}\right|
\end{array}
\right\}
\quad（6-11）
$$

I_{0CD} 应躲过正常运行时的最大不平衡零序电流。

零序电流差动保护带有 100ms 延时，用以躲各种情况下两侧 TA 暂态特性不一致所产生的零序差动电流。

3. 突变量电流差动保护元件

突变量电流也满足基尔霍夫电流定律，也可用于差动保护。其动作方程为

$$\left. \begin{aligned} \left| \Delta \overset{\square}{I}_{\varphi \mathrm{M}} + \Delta \overset{\square}{I}_{\varphi \mathrm{N}} \right| &> \Delta I_{\mathrm{CD}} \\ \left| \Delta \overset{\square}{I}_{\varphi \mathrm{M}} + \Delta \overset{\square}{I}_{\varphi \mathrm{N}} \right| &> k_{\mathrm{BL}} \left| \Delta \overset{\square}{I}_{\varphi \mathrm{M}} - \Delta \overset{\square}{I}_{\varphi \mathrm{N}} \right| \end{aligned} \right\} \tag{6-12}$$

式中：ΔI_{CD} 为分相差动突变量电流定值；k_{BL} 为比率制动系数。

突变量电流差动保护和零序电流差动保护均不受负荷电流的影响，从而可提高保护反应过渡电阻的能力，进而提高保护的灵敏度。

二、线路一侧断路器在断开时的差动保护

在微机线路差动保护中，差动继电器的计算、逻辑程序和出口程序都在"故障计算程序"中进行。保护采样计算判断启动元件启动才能进入故障处理程序，也可以说只有启动元件启动后才投入差动保护。启动元件如果不启动，在正常运行程序中差动保护根本没有计算，相当于差动保护没有投入。差动保护要发跳闸命令必须满足以下条件：①本侧启动元件启动；②本侧差动继电器动作；③收到对侧"差动动作"的允许信号。

当线路一侧手合断路器对线路充电，另一侧断路器为分闸位置，如线路有故障，两侧都会有差流，但断路器分闸侧不会有短路电流，差动保护不会进入故障处理程序，不能向对侧发"差动动作"允许信号，将会导致保护不能动作出口。为此保护增加对侧启动加本侧三相断路器跳位的启动条件，确保此时保护能够跳闸，如图 6-16 所示。

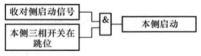

图 6-16　跳位启动方式

三、弱馈线路电流差动保护

当有一侧是弱电源侧或无电源侧，在线路内部短路时，无电源侧启动元件可能不启动，同样会导致保护不能动作出口。为此需要增加对侧启动加本侧电压低的启动条件，以适应线路故障时弱馈侧电流启动元件灵敏度不够的情况，如图 6-17 所示。在差动保护中，因差动元件不受线路两侧电源大小的影响，所以不需要整定是否为弱电源。

图 6-17　弱馈启动方式

四、本保护动作发信

当线路上发生短路，本侧一套微机保护装置内任何保护发出跳闸命令的同时向另一侧发一个分相跳闸命令，另一侧装置接收到对侧的分相跳闸命令后，用本侧的高灵敏度的差动继电器作为就地判据跳对应相。

五、其他保护动作启动远跳

其他保护主要指母差保护和失灵保护。母差保护动作启动远跳的目的是：①当线路断路器与 TA 之间故障时，母差保护动作跳开断路器，但故障点未切除，母差动作启动远跳，对侧纵联差动保护动作加速故障切除速度；②当母线故障，母差保护动作，但线路断路器拒动，母差动作启动远跳，对侧纵联差动保护动作加速故障切除速度。对于 3/2 接线方式，母差保护动作触点不应接启动远跳，因为当母线故障时，跳开边断路器，还有中断路器在运行，线路仍然可以继续运行，线路对端断路器不应跳闸。如果在断路器与电流互感器之间发生短路，母线保护动作跳开边断路器后，故障电流仍然存在，此时失灵保护会动作，由失灵保护动作启动远跳，使线路对侧纵联差动保护动作跳闸。

在实际保护中设有"远跳受本侧控制"控制字，对侧收到本侧的远跳信号时，若收到远跳信号就可以开放跳闸出口的话，该控制字置"0"，若需经启动元件动作才开放跳闸出口，则需将'远跳受本侧控制'控制字置"1"。

六、电流数据同步处理

微机纵联电流差动保护所比较的是线路两端的电流相量或采样值，而线路两端保护装置的电流采样是各自独立进行的。为了保证差动保护算法的正确性，保护必须比较同一时刻两端的电流值。这就要求线路两侧对各电流数据进行同步化处理。目前电流数据同步处理方法主要有：①采样数据修正法；②采样时刻调整法；③时钟校正法；④采样序号调整法；⑤GPS 同步法；⑥参考相量同步法。其中方法①～④需借助通道完成，都是基于数字通道收、发延时相等的"等腰梯形算法"，但具体处理方法又各有不同；方法⑤、⑥不需借助通道。

1. 采样数据修正法

采样数据修正法的基本思想是：线路各端的保护装置，在各自的晶体振荡器的时钟控制下，以相同的采样频率独立地进行采样，然后在进行差动保护算法之前做同步化修正。

两端的保护装置都在本端的采样时刻开始向对端发送对应本次采样时刻的电流数据帧，每帧中除了电流数据和有关信息外，还有同步处理中所需的时间信息。

如图 6-18 所示：两侧采样周期为 T_s，$M(i)$、$N(j)$ 表示相对于某个时刻参考点的采样点序号，N 端装置于 $N(j)$ 时刻发送的数据传到 M 端时，已在 $M(i')$ 之后，$N(j)$ 时刻采样电流数据应与 $M(i'')$ 或 $M(i'+1)$ 的采样值比较。数据帧 $N(j)$ 应包含的时间信息有：① $N(j)$ 发送前 N 端最近一次收到的 M 端信息的帧序号 $M(i)$；②收到 $M(i)$ 的时间与 $N(j-1)$ 采样的时间差为 Δt_1。假设两端数据传输的时间延时相等，则

$$T_d = \frac{[M(i') - M(i)]T_s + \Delta t_2 - (T_s - \Delta t_1)}{2}$$

式中：Δt_1 与 Δt_2 相似。求得 T_d 后，M 端在收到 $N(j)$ 的时刻中减去 T_d 时间，就可求出 N 端的 $N(j)$ 帧采样时刻在 M 端的时间坐标系中所对应的时刻，即 $M(i'')T_s - \Delta t$，非整数部分 Δt 就是 N 端电流数据矢量修正的旋转角度。

对于采样数据修正法，线路两侧保护不分主从，地位相同，各自独立，自由采样。两侧保护对每一帧数据都要进行"梯形算法"，求出两侧采样偏差角并根据计算结果对接收数据进行扭转，以达到两侧数据"同时"的目的。

该方法的主要优点是：①两侧装置各自独立，自由采样；②采样间隔均匀；③当通信因干扰而中断或失去同步后能快速恢复。

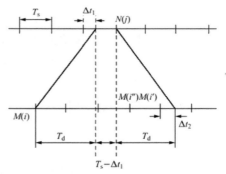

图 6-18　采样数据修正法原理

该方法的主要缺点是：①需要对每帧数据都要进行数据修正；②传送相量而不是采样值，仅适用于稳态量电流差动判据，不适用于短数据窗或故障分量差动判据；③对晶振要求高；④电网频率变化会影响修正精度；⑤不适用于自愈型光纤通道或可变光纤通道的要求。

2. 采样时刻调整法

对于采样时刻调整法，线路两侧一主一从，主端为参考端，自由采样；从端为同步端，通过"梯形算法"可计算出主端的采样时刻，并按

主端的采样时刻调整自己的采样时刻，达到两侧数据同步的目的，如图 6-19 所示。

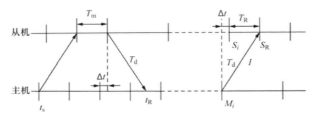

图 6-19 采样时刻调整法

在线路两端保护中，任意设定一端为主机，另一端为从机。两端的采样速率相同，采样间隔均为 T_s，但由各自的晶振控制。在正式开始采样之前，主机在 t_s 时刻首先向从机发出通道延时 T_d 的计算命令，从机收到此命令后，将命令码延迟时间 T_m 送回给主机。假设两个方向的信息传送延时相同，则主机可在 t_R 时刻收到从机的回答信息后，算出通道的传送延时为

$$T_d = \frac{t_R - T_s - T_m}{2}$$

最后主机再将计算结果 T_d 送给从机。如果几次计算出的 T_d 相同，表示整个通信过程正确无误，则可以开始采样。否则，将继续自动重复上述过程，待求出正确的 T_d 后才可进行采样时刻的调整。M_i 为主机端采样并发出信息 I 的时刻，S_R 为从机端收到此信息的时刻，S_i 为 S_R 之前某个采样时刻，则从机与主机的采样时刻差为

$$\Delta t = T_d - T_R$$

$\Delta t > 0$，说明从机的采样落后与主机；$\Delta t < 0$，说明从机的采样超前于主机。根据这一结果，应将从机的下次采样的采样间隔调整为 $T_k = T_d - T_R$，以达到两端装置的采样时刻同步。

该方法的优点是：①采样同步后的差动保护算法处理较为简单，运算与通道延迟参数 T_d 无直接关系，在整个通信处理中，采样同步处理与电流数据的处理是分开的，不必对每帧数据进行调整；②主端的采样间隔均匀；③受通道影响小，一定程度上可适用于自愈环网和可变光纤通道。

缺点：①由于两侧保护装置系统硬件时钟（晶振）的相对漂移，两侧采样时钟会逐渐失去同步，为此要不断调整从端的采样时刻；②采样时刻调整法虽然可采用分步渐变法调整，但会造成采样间隔的不均匀，而且要涉及硬件时钟

的操作，极不方便，另外调整过程时间较长，不利于一旦采样失步后快速恢复采样同步；③在测量保护装置之间的采样时刻的误差时，仍然与通道延迟参数有关，不能适应收发路由不同的通信系统。

3. 时钟校正法

时钟校正法规定一端为主端（参考端），另一端为从端（同步端），主端自由采用，从端发信息帧，主端收到后将命令和延时时间返回给从端，从端计算两侧时钟的相对误差 Δt，从端按照一定比率对时钟进行校正直到 Δt 为零，从端的时钟保持与主端的时钟同步，两侧时钟进入同步运行状态。此方法要求两侧晶振时钟精度高。时钟校正法原理如图 6-20 所示，假设 t_s 和 t_m 分别表示同步端的时钟和参考端的时钟。一帧附有标号的命令报文在时间 t_{s1} 时刻由同步端发向参考端，参考端于 t_{m2} 时刻收到这一帧报文，然后，又在 t_{m3} 时刻反送

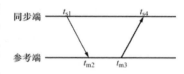

图 6-20 时钟校正法

一帧应答报文给同步端，并将以参考端始终表示的 t_{m2} 和 t_{m3} 告知同步端，同步端于 t_{s4} 时刻收到这一报文。如果两侧通信的收发路由距离相等，则通信的迟延时间为

$$T_d = \left| \frac{(t_{s4} - t_{s1}) - (t_{m3} - t_{m2})}{2} \right|$$

算出通道迟延后 T_d，就可算出两端时钟的偏差 Δt。如果两端时钟无偏差，则 $T_d = t_{m2} - t_{s1}$。如果有偏差则不相等，两端偏差为

$$\Delta t = T_d - (t_{m2} - t_{s1}) = \frac{(t_{s4} - t_{s1}) - (t_{m3} - t_{m2})}{2} - \frac{2(t_{m2} - t_{s1})}{2} = \frac{(t_{s1} + t_{s4}) - (t_{m2} + t_{m3})}{2}$$

同步端可以根据偏差 Δt 来校正自己的时钟，消除同步端与参考端时钟之间的偏差。时钟同步后，在传送电流数据时，带上时钟标签，在进行电流差动保护算法前，根据时间标签进行修正计算，即可保证采样数据的同步和电流差动保护算法的正确性。

该方法与采样时刻调整法中的采样时刻误差的测量和调整相似。

时钟校正法的优点是：①保护装置用于时钟校正的时间较少，有利于电流数据传送效率的提高；②既能传送电流矢量，也能传送电流采样瞬时值。

其缺点是：①时间的校正过程较长，不利于通信中断又恢复后时钟的快速同步；②在测量保护装置之间的时钟误差时，仍然与通道延迟参数 T_d 有关，并要求收发路由距离相等，不能适应收发路由不同的通信系统。

4. 采样序号调整法

采样序号调整法克服了前述方法的缺点，集中了它们各自的优点。该方法是线路两侧保护装置以同频率自由采样，并对每一次采样标注一个采样序号，两侧装置仍然是一主一从，从侧装置以主侧装置为参考端进行同步，但只调整采样序号，并不调整采样时刻。具体方法如下。

首先确定通道延时 t_d。如图 6-21（a）所示，同步端上电后在 t_1 时刻向参考端发同步命令，当参考端收到同步命令后，在最近的一个采样时刻向同步端发送参考信息，t 为参考端收到同步命令距向同步端发送参考信息时间，同步端在 t_2 时刻收到的信息。则有：$t_d = \dfrac{t_2 - t_1 - t}{2}$，一直计算到 t_d 为恒定值并记忆。

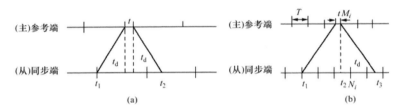

图 6-21　采样序号调整法
（a）确定通道延时 t_d；（b）确定同步采样序号

当 t_d 稳定后，同步端即可进行采样时刻计算并进行调整，如图 6-21（b）所示，t_3 时刻为对侧采样时刻，而 $t_2 - t_3$ 就是通道延迟 t_d，T 为采样间隔，则有：$t_d = nT + \Delta t$（$n=0, 1, 2\cdots$），$\Delta t = nT - t_d$（$n=0, 1, 2\cdots$），在图中 $n=2$，当 Δt 小于 1/2 采样间隔，参考端 M_i 采样序号与同步端 N_i 采样序号为同步采样序号。

当两端进入同步采样后，若没有通道切换，则没有必要对同步端采样时刻进行时时调整，但要进行时时检查。当通道切换到迂回通道时，通道延时也会有一个相应的变化，应重新计算 t_d，通道稳定后进入正常的同步校准。

5. GPS 同步法

GPS 同步法通过 GPS 受时信息，两侧同步采样，可以达到相当高的精度。但受到自然环境等因素的制约，并且需要相应的硬件支持。

优点：采样同步与通信路由无关，可以适应各种形式的通信系统，精度很高，不受电网频率的影响，其计算量也较少，从原理上克服了以上各种方法的缺点。

6. 参考相量同步法

利用线路模型计算出代表同一量的两个相量，然后利用这两个相量的相位差实现同步采样。

对采用专用光纤通道的保护而言，参考端装置采样间隔固定，并在每一采样间隔中固定向对侧发送一帧信息。因选用专用光纤时，两侧收发直接相连，信号在光纤中以光速传输，传输延时可以忽略不计，几乎是在发侧发送的同时，收侧就收到了发侧的信号，同步端在接收到对侧采样值时测量该点与自己的采样点之时差ΔT，并随时调整同步端的采样时钟，使$\Delta T \to 0$，即同时完成了采样同步和时钟同步问题，见图6-22。如果满足同步条件，就向对侧传输三相电流采样值；否则，启动同步过程，直到满足同步条件为止。完成这个同步的条件是在每个采样周期内的一帧信号，不能占满所有的时间，在同一帧内必须留有可供调整用的时间。

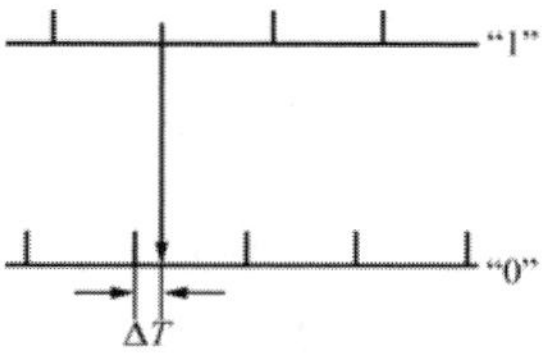

图6-22　专用光纤同频/同相调整示意图

当采用复用方式时，我们认为时钟是同步的，因为整体光纤网络只选用了一个主时钟，但因信号在光纤网络中进行传输，经过不同的路经，信号传输的延时是不同的，必须在软件中编写传输延时的测量程序。

光纤路径中，两侧装置采样同步的前提条件为通道单向最大传输延时≤15ms。

7. 光纤电流差动保护参考端、同步端确定

基于通道采样时刻的调整法、时钟校正法和采样序号调整等同步方法，需要确定一端为参考端（主端 Master），另一端为同步端（从端 Slave），对同步端进行调整，又称主从确定。目前常规的方法有三种，分别是硬压板确定，软压板或控制字确定和自适应方法确定。

硬压板确定是通过装置上设置一开关量，通过读入开关量状态，确定参考端、同步端。此方法的缺点是：①若开入量回路损坏或接触不可靠，会影响保护正常运行；②在保护装置检修试验时，需通过设置硬压板或跳针为参考端做单端试验，试验完毕改变硬压板后才能投入运行，试验状态与投入运行不一致，容易造成设置不一致；③运行管理部门需时时知道何侧为主，何侧为从，不方便运行管理。

软压板或控制字确定是通过装置整定时，设置软压板或控制字状态，通过读入软压板或控制字状态，确定参考端、同步端。此方法在保护装置检修试验

时，需通过设置软压板或控制字为参考端为单端试验，试验完毕改变软压板或控制字投入运行，试验状态与正常运行不一致，容易造成设置不一致，也给管理部门带来不方便。

自适应主从方式采用主从端的确定完全由软件实现，保护不需设置主从压板或控制字。该方法提供一个完整的逻辑供保护装置自适应地区分双端运行和自环状态，并在双端运行时自动确定参考端与同步端，做自环试验时自动切换到自环状态，试验结束后自适应随接线的改变而切换。这种方法使现场运行人员不再关心装置的状态，而且也不需要现场整定，完全摆脱了人为因素对保护状态的影响。

七、纵联电流差动保护的优点

（1）原理简单，基于基尔霍夫定律。

（2）整定简单，只有分相差动电流、零序差动电流等定值。

（3）用分相电流计算差电流，具有天然的选相功能。

（4）不需要振荡闭锁，任何时候故障都能较快速切除。

（5）不需要考虑功率倒向，其他纵联保护都要考虑功率倒向时不误动。

（6）不受 TV 断线影响，但所有的方向保护都受 TV 断线影响。

（7）耐受过渡电阻能力强，受零序电压影响小。

（8）特别适用于短线路、串补线路和 T 形接线。

（9）自带弱馈保护，自适应于系统运行方式的变化。

（10）一侧先重合于永久性故障，两侧同时跳闸，可以做到后合侧不再重合，对电网和断路器有利。

（11）复用光纤通道，在通信回路上有后备复用通道。

（12）通道抗干扰能力强，保护时刻在收发数据、检查通道，可靠性高，远远优于载波通道。

八、影响纵联电流差动保护动作性能主要因素及解决措施

1. 电流互感器的误差和不平衡电流

电流互感器的误差可以通过选取同一厂家同一批次的相同型号电流互感器来尽量减小，而对于保护装置采样回路的误差、保护装置同步造成的误差都会引起的不平衡电流，则要求保护厂家采取措施尽量减小它的影响。

2. 长距离超高压输电线路的电容性电流

对于较长的输电线路，电容电流较大，会使无内部故障时有差流存在。分布电容不仅影响故障暂态过程中计算出的电流相量精度，更主要的是电容电流的存在使线路两端的测量电流不再满足基尔霍夫电流定律，从而直接影响了保护的灵敏度和可靠性。为了消除分布电容的影响，可采取电容电流处理措施。通常电容电流的处理措施有 3 种：

（1）差流整定值躲过电容电流的影响。

（2）保护实测电容电流。电容电流是正常运行时的差流的重要组成部分。

（3）采用电压测量来补偿电容电流，电容电流补偿公式如下：

M 侧补偿公式为 $I_{\text{CM}\varphi} = \dfrac{U_{\text{M}\varphi} - U_{\text{M0}}}{-2jX_{\text{C1}}} + \dfrac{U_{\text{M0}}}{-2jX_{\text{C0}}}$

N 侧补偿公式为 $I_{\text{CN}\varphi} = \dfrac{U_{\text{N}\varphi} - U_{\text{N0}}}{-2jX_{\text{C1}}} + \dfrac{U_{\text{N0}}}{-2jX_{\text{C0}}}$

$$I_{\text{C}\varphi} = \left(\dfrac{U_{\text{M}\varphi} - U_{\text{M0}}}{2X_{\text{C1}}} + \dfrac{U_{\text{M0}}}{2X_{\text{C0}}} \right) + \left(\dfrac{U_{\text{N}\varphi} - U_{\text{N0}}}{2X_{\text{C1}}} + \dfrac{U_{\text{N0}}}{2X_{\text{C0}}} \right)$$

式中：$U_{\text{M}\varphi}$、$U_{\text{N}\varphi}$、U_{M0}、U_{N0} 为本侧、对侧的相、零序电压；X_{C1}、X_{C0} 为线路全长的正序和零序容抗；按上式计算的相电容电流对于正常运行和区外故障都能给予较好的补偿。

3. 电流互感器饱和

解决措施有：

（1）选用合适的电流互感器。

（2）保护装置本身采取措施减缓互感器暂态饱和的影响，如采用变制动特性比率差动原理。

4. 电流互感器二次回路断线

正常运行时如一侧某相（三相）TA 断线，这时断线侧启动元件可能启动，差动继电器也可能动作。但对侧没有断线，启动元件没有启动，差动继电器没有进行计算，不能向本侧发"差动动作"的允许信号，所以本侧不误动。但遇区外故障时，保护可能会误动。

在实际保护中设有"TA 断线闭锁差动保护"控制字，当该控制字为"1"时，TA 断线闭锁差动保护；当该控制字为"0"时，TA 断线时只发信不闭锁保护。

5. 光纤通道的可靠性

光纤差动保护对光纤通道的依赖性强，要求通道不中断、误码率要低，通道不能自环或交叉，双向传输延时要相等，复用光纤要与通信部门配合，需进一步加强配合和管理。

九、纵联电流差动保护动作程序逻辑

图 6-23 所示为 RCS-931 型电流差动保护程序逻辑框图。当保护屏上"主保护投入"和定值控制字"投纵联差动保护"同时投入时，差动保护投入元件为"1"。投入 TA 断线闭锁差动时，或门 5 输出"0"，与门 6 输出"0"，此时如差动 TA 断线，闭锁保护。不投 TA 断线闭锁差动时，当 TA 断线，断线相差动元件动作，与门 4 输出"1"，或门 5 输出"1"，与门 6 输出"1"，不闭锁差动保护。

正常运行时，或门 5 输出"1"，与门 6 输出"1"，在区内发生 A 相短路故障，两侧保护起动元件动作，A 相差动元件动作，与门 7、或门 16、10 输出"1"，与门 14 输出"1"，或门 3 输出"1"，分别向对侧发差动动作允许信号。两侧保护分别收到对侧差动信号，与门 15、11 输出"1"，发 A 相差动动作令。

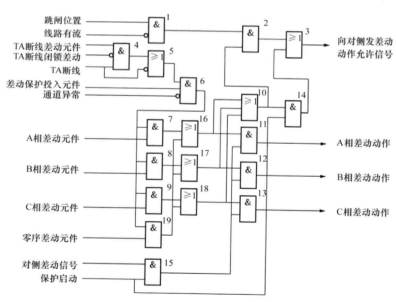

图 6-23　RCS-931 型电流差动保护程序逻辑框图

第四节 纵联保护光纤通道

一、光纤通信基础知识

1. 光纤通信系统

光纤通信系统是以光波为载体，以光导纤维为传输媒介的通信方式。其基本组成部分是数据源、光发送机、光纤通道和光接收机，如图 6-24 所示。

图 6-24 光通信基本系统图

数据源包括所有的信号源，是话音、图像、数据等业务经过信号源编码所得到的信号。光发送机和调制器负责将信号转变成适合于在光纤上传输的光信号，光纤通道包括最基本的光纤、中继光纤放大器等。光接收机接收光信号，并从中提取信息，然后转变成电信号，最后得到对应的话音、图像、数据等信息。

中继器的间隔为 50～70km。其原理是用光检测器将光信号变成电信号，经过整形放大后，再变成光信号。

2. 光纤与光缆

光纤的构造如图 6-25 所示，主要由纤芯、包层、涂敷层及套塑四部分组成。纤芯位于光纤的中心部位，它的主要成分是高纯度的二氧化硅，其余为极少量掺杂剂，如五氧化二磷（P_2O_5）和二氧化锗（GeO_2）。掺杂剂的作用是提高纤芯的折射率。纤芯的直径一般为 5～50μm。包层也是含有少量掺杂剂的高纯度二氧化硅。掺杂剂有氟或硼。这些掺杂剂的作用是降低包层

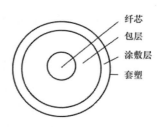

图 6-25 光纤的构造

的折射率。包层的直径（包括纤芯在内）为 125μm。包层的外面涂敷一层很薄的涂敷层。通常要进行两次涂敷。涂敷层的作用是增强光纤的机械强度。涂敷层之外是套塑，它的作用是加强光纤的机械强度。纤芯的折射率高于包层的折射率，因此，当光入射到光纤的芯子之后，在纤芯与包层界面处满足全反射条件的光线，将在纤芯与包层之间形成全反射，于是光就在光纤中沿光纤的轴向向前传播。

光纤在实际的通信应用中，都要制成光缆。光缆分为单芯光缆和多芯光缆。多芯光缆又分为四芯、六芯、八芯等。光缆要有足够的机械强度，因此在光缆中除必要的纤芯数量外，还应有增强光缆机械强度的加固件。通常，加固件是多股的钢丝绳。另外，光纤只能传输光信号，不能传输电信号。为了保证无电源供给的中继站电的供应，在电缆中通常还有一对塑料包层的铜线。

我国电力系统通信用光缆被称为特殊光缆，主要有两种：①架空地线复合光缆—OPGW，其特点是强度高、芯数多、容量大，主要被用于 330～500kV 的高压电网中，架设在铁塔的顶部，起接地和通信双重作用。OPGW 在实际工程应用中应考虑环境条件对光纤衰耗的影响，尤其在专用光纤通道中，光纤衰耗的增加会影响差动保护的性能。引起 OPGW 衰耗增大的主要因素有应力-应变、过滑轮、风激振动、舞动、温度变化、雷击、故障短路电流、振动等。②全介质自乘式光缆—ADSS。主要用于 110～220kV 的高压电网中，架设在铁塔的某一位置，有时也被用于 OPGW 光缆系统中和中继站等连接的引入光缆使用。光缆全为非金属结构，重量轻，敷设方便，抗电磁干扰强。

3. 调制和编码

调制是用数字或模拟信号改变载波波形的幅值、频率或相位的过程，分为模拟调制和数字调制。数字调制是光纤通信的主要调制方法，将模拟信号抽样量化后，以二进制数字信号"1"或"0"对光载波进行通断调制，并进行脉冲编码（PCM）。数字调制的优点是抗干扰能力强，中继时噪声及色散的影响不积累，因此可实现长距离传输；缺点是需要较宽的频带，设备也比较复杂。

编码是通过一些方法，把数码进行变换，得到另外一组适合于传输的数码，也就是用一组组合方式不同的二进制码，来代替量化后的输入信号取样值，或者用其他的一些数码对原来的数码监察，以保证其在传输过程中不被误判的处理过程。要求编码输出的二进制编码要适合于光纤传输。

4. 光纤通信系统中的复用方式

信道复用是为了便于光纤传输，把多个低容量信道以及开销信息复用到一个大容量传输信道的过程。光纤通信系统为了充分发挥光纤宽带的优点，允许复用多个信道到一根光纤上。目前，光传送网络中可采用的技术主要有光波复用、光时复用和光码复用。

波分复用 WDM（wavelength division multipexing）是将信道分割成若干个子信道，每个信道用来传送一路信号，或者说是将波长划分成不同的波长段，不同路的信号在不同波长段里传送，各个波段之间不会相互影响。

时分复用 OTDM（optical time division multiplexing）是将使用的信道的时间分成一个个的时间片（时隙），按一定规则将这些时间片分配给各路信号，每一路信号只能在自己的时间片内独占信道进行传输，所以信号之间不会互相干扰。

码分复用 OCDMA（optical code-division multiple access）采用暂时的波形（称作光特征码）来编码和解码，不同的信息可共享一个时域、频域、空间域，它根据域值从通道的所有信号中选取所需的信号，光解码器的输出是与输入信号匹配的滤波器相关的。

5. PCM 及数字复接技术

PCM（Pulse-Code Modulation）即脉冲编码调整，对信号抽样，分别把每个样值单独予以量化后，再将所得的量化值序列进行编码，变换为数字信号的调制过程。PCM 综合业务复用设备，利用 G.703 标准的 2M 传输通道，采用 PCM30/32 制式，可直接提供 15/30/60/120/路终端接口，能够实现传统的话音及热线、磁石电话等语音业务，同时还可选装 64K 同向、V.24、V.35、10Base-T 等数据接口卡，实现数据业务通信。在 PCM30/32 路系统中，使用 32 个时隙构成一帧。其中，两个时隙用于同步和信令，其他 30 个时隙则分配给数字电路信道，30 表示其基群通话的路数为 30。在信道中，每条话音信号均是以时分复用（TDM）方式传送的。

PCM 数字电话时分复用结构如图 6-26 所示。抽样开关 K1 对每一路经低通滤波后的多路话音信号进行依次采样，经过量化编码（即 A/D 转换）和码型变换，最后送往信道。在接收端进行码型反变换，解码（即 D/A 模数变换），然后通过分路开关把各个话路信号分离出来，经低通滤波器还原成话音信号。

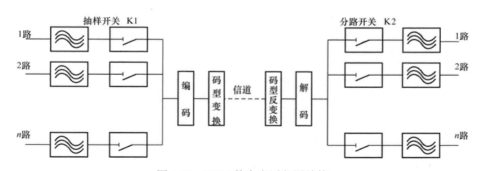

图 6-26　PCM 数字电话复用结构

语音信号经低通滤波后，频率限制在 4000Hz，采样频率为 8000Hz，经八位模数转换后，各个话路的 PCM 信号的比特率为 64kbit/s。

把各个低比特率的信号源按照时分复用的方式汇成高比特率的数字信号，称为数字复接技术，相应的设备称为复接设备；而在接收端，把高比特率的信号分离为支路的低比特率信号，称为数字分接技术，相应的设备称为数字分解设备。复接设备和分解设备称为复用设备。PCM 复用设备加上光端机、光缆及中转站就构成了光纤数字通信系统。

6. 同步数字传输网

在数字传输网系统中，有两种数字传输体系：一种为"准同步数字体系"（plesiochronous digital hierarchy，PDH）；另一种为"同步数字体系"（synchronous digital hierarchy，SDH）。

PDH 是在数字通信网络的每个接点上都分别设置高精度的时钟，这些时钟的信号都具有统一的标准速率。尽管每个时钟的精度都很高，但总还是有些微小的差别。为了保证通信质量，要求这些时钟的差别不能超过规定的范围。因此，这种同步方式严格说来不是真正的同步，所以叫作"准同步"。

由于 PDH 体系存在一些严重缺点，PDH 体系已逐步被 SDH 体系所取代。SDH 传输体系规范了数字信号的帧结构、复用方式、传输速率等级、接口码型等特征。它不仅适用于点对点的信息传输，而且也适用于多点的网络传输。SDH 简化了信号的复用和分接，使 SDH 体制特别适合于高速大容量的光纤通信系统，同时这种复用方式使数字交叉连接（DXC）功能更容易实现，使网络具有了很强的自愈功能，便于用户按需动态组网，实现灵活的业务调配。SDH 体系具有很强的兼容性，SDH 体系克服了 PDH 体系存在的缺点，使全球的光纤通信事业在传输体制方面实现了真正的统一，做到互联互通；而且也克服了复用设备不能互相兼容的缺点。

7. SDH 体系传输通道的构成

SDH 不仅适用于点对点的信息传输，而且也适用于多点间的网络传输。SDH 是由终端的复用器 TM、分插复用设备 ADM 和数字交叉连接设备 DXC 以及传输媒介——光纤组成。由这些设备构成的信道及各部分功能分解图，如图 6-27 所示。

图 5-27 中，图（b）是始端复用器将输入的多路低频信号复接为同步转移模式（STM-N）；图（c）是分插复用设备（ADM）通过软件一次性地分下和插入 2Mbit/s 的支路信号；图（d）是交叉连接设备（DXC）对多种端口速率信号进行可控的连接配置，以达到对网路资源进行自动化调度和管理的目的，从而

提高了网络的灵活性；图（e）为终端复用器将同步转移模式解复为多路低频信号。

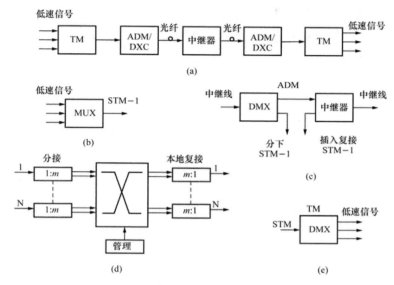

图 6-27　SDH 传输通道的构成及各部分功能分解
（a）通道结构；（b）同步复接；（c）分插复用；（d）交叉连接；（e）同步分解

有关同步转移模式（STM-N）的国际传输速率标准为：

STM-1　155.520Mbit/s；

STM-4　622.080Mbit/s；

STM-16　2488.32Mbit/s。

其中的 STM-1 为基本模式，更高等级的模式是 STM-N，其传输速率是将基本模式信号按同步复用、经字节间插后的结果，其中的 N 为 1、4 和 16 及 64。

8. 自愈环网

光纤通信组网方式通常采用环形网。环形网是一种有很强自愈能力的网络拓扑结构。自愈环网是指在通信线路发生故障导致通信中断后，不需人工干扰，网络自身会自动绕过故障而使通信立即恢复。这种恢复过程是迅速的，以至通信人员感觉不到线路发生过故障。SDH 体系可以利用分插复用设备（ADM）构成自愈网络。

自愈网环网的类型有通道倒换环网和复用段倒换环网。

（1）通道倒换环网。它是属于子网连接保护类型。其业务量的保护是以通道为基础的。通道是否需要倒换，是以离开环网的每一个通道信号质量的优劣而决定的。通常，都是利用通道的先进信息业务（AIS）信号来决定通道是否需要进行倒换。通道倒换环网一般使用专用线保护，即在正常值情况下，保护段不空闲，也在传递业务信号，其保护时隙为整个环形网专用。

通道倒换环网一般采用二纤单向通道倒换环的形式，其网络结构形式如图 6-28 所示。

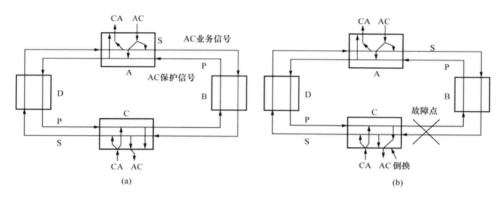

图 6-28　二纤单向通道倒换环结构形式示意图
（a）正常情况下两通道都工作；（b）故障后仅备用通道工作

如图 6-28（a）所示，A、C 两点的通信是由两个环路通道构成的。一条主通道（S）和另一条备用通道（P）。正常情况下，两条通道都工作。主通道（S）中的业务信号沿顺时针方向由 A 传送给 C，而备用通道（P）中的保护信号则沿着逆时针方向在 A、C 间进行循环传送。一旦通信线路发生故障，例如在 B、C 间光缆被切断，如图 6-28（b）所示。这时备用通道中的保护信号立即通知 C 处的保护设施进行通道倒换，业务信号此时则利用备用通道（P）沿着逆时针方向由 A 传送给 C。备用通道（P）起到了通信通道不中断业务的保护作用。当故障排除后（需要人工排除），倒换设施将通道恢复到原来的状态。倒换设施此时通常为 1×2 光纤开关。

（2）复用段倒换环网。它属于路径保护类。其业务量的保护是以复用段为基础的。它以每对节点间的复用段信号质量的优劣而决定通道是否需要倒换。复用段倒换环使用公用保护，即在正常情况下，保护段是空闲的，保护时隙由每对节点共享。

复用段倒换环网的保护方式有以下两种：

1）二纤单向复用段倒换环。这种类型的通道结构如图 6-29 所示。二纤单向复用段倒换环也是利用两个环路通道构成 A、C 两点通信环路的。主通道（S）载有业务信号沿着顺时针方向传送给 C，而 C 也是利用这条主通道（S）将业务信号沿同一方向传送给 A。备用通道（P）是空闲的，如图 6-29（a）所示。

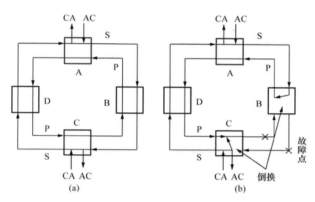

图 6-29　二纤单向复用段倒换环
（a）正常情况下仅主通道工作；（b）故障后主备用通道联合工作

在这种结构中，一旦在 B、C 两节点间光纤段被切断，则倒换开关（通常为 1×2 光纤开关）立即将主通道（S）切向备用通道（P）上。此时，两条通道联合起来完成信息的传送任务，如图 6-29（b）所示。

在这种结构中，每个环路节点处都应安置一个保护倒换开关（1×2 光纤开关）。不论哪段光缆发生故障，该结构都能立即进行通道的切换任务，保护通信业务不中断。

2）二纤双向复用段倒换环。二纤双向复用段倒换环的环路结构如图 6-30 所示。表面上看，它与二纤单向复用段倒换环在环路结构上类似，但它们的工作原理却是完全不同的。二纤双向复用段倒换环在每个节点上采用了时隙交换技术。

二纤双向复用段倒换环上的两路光纤（S）和光纤（P）的通道都在工作。利用节点上的时隙交换技术，可以使一路光纤通道（S）时隙的一半用于传送业务信号，另一半时隙去传送保护信号。两种信号在通道（S）中的传输方向是一致的，都是沿着顺时针方向传送的。另一路光纤通道（P）也是这样，只是其信号的传输方向与 s 通道相反，是逆时针方向传送的。通常情况下，业务信号是由 A 传送到 C，或者 C 的业务信号由 C 传送到 A。但它们的保护信号此时是在环路中循环传送的，如图 6-30（a）所示。

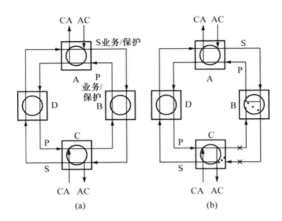

图 6-30　二纤双向复用通道倒换环
（a）正常情况下主、备光纤都工作；（b）B、C 间故障后业务信号仍可通

一旦通道出现故障，例如在节点 B、C 之间的光缆被切断，则此时 B、C 两节点之间的两路光纤通道段全部中断业务，如图 6-30（b）所示。在故障发生的瞬间，B、C 两节点处的时隙交换设备立即将主、备光纤通道连通，业务信号仍可以不中断地由 A 传送到 C，但此时保护信号的环路都被终止。故障排除后，光纤通道又恢复到原来的状态。

9. 误码率

误码率是数字光纤传输系统中衡量传输质量好坏的重要技术指标。在光纤数字系统中，传输的是一系列单极性"1"码和"0"码的脉冲码元，每个码都代表着一定信息。由于系统存在噪声，噪声电压和信号电压叠加往往造成误码，即接收端应出现"1"码时出现"0"码，或者应为"0"码时出现"1"码。产生的误码数目与总的发送码数之比就是误码率。

10. 光纤通信的优缺点

与电缆或微波等通信方式相比，光纤通信具有以下优点：

（1）抗电磁干扰能力强；

（2）传输容量大；

（3）频带宽；

（4）传输衰耗小；

（5）线直径细，重量轻；

（6）抗化学腐蚀能力强；

（7）制造资源丰富。

光纤通信同时具有以下缺点：

（1）光纤弯曲半径不能过小，一般不小于 30mm；

（2）光纤的切断和连接工艺要求高；

（3）分路、耦合复杂。

二、线路纵联保护光纤通道连接方式

继电保护所采用的光纤通道主要有两种方式：一种是为保护敷设的专用光纤通道；另一类是复用已有的数字通信网络。相应的连接方式有专用通道方式和复用通道方式，复用通道方式分为 64kbit/s PCM 复用和 2Mbit/s 接口复用两种。

专用通道方式是为继电保护敷设的专用独立光纤通道，在专用光纤通道中只传输继电保护信息。专用方式的优点是不需附加其他设备，可靠性高且不涉及通信调度，管理比较方便。但由于光发收功率和光纤衰耗的限制，专用方式的通信距离一般在 100km 以内。目前，专用方式主要应用于短距离的输电线路保护。

复用通道方式则是利用数字 PCM 复接技术，利用现有的光纤通道和微波通道，对继电保护的信息进行传输。复用通道方式采用符合 ITUG703 标准的 64kbit/s 的数字接口经 PCM 终端设备或利用 2Mbit/s 接口直接接入现有数字用户网络系统，不需再敷设光缆，同时传输距离也大大提高，可延伸到数字用户网络的每一个通信节点。继电保护利用复用方式传输数据信息时，需在通信室内增加数字复用接口设备并和数字复用设备相连接。复用通道方式主要用于长距离输电线路的保护。复用方式不但节省了光缆及施工费用，而且利用了 SDH 自愈环的高可靠性，在电力系统中的应用正逐渐增多。

64kbit/s 复用方式是利用 PCM 连接到 PDH/SDH 设备上，通过复用通道进行数据传输，系统连接如图 6-31 所示。

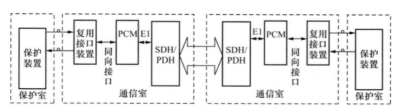

图 6-31　64kbit/s 复用方式下系统连接图

2Mbit/s 接口复用方式是保护装置 2Mbit/s 复用接口装置直接连接到 PDH/

SDH 设备，中间不经过 PCM 复用设备，减少了中间环节，提高了整个系统的可靠性。2Mbit/s 的速率增加了传输带宽，可以传输更多保护信息。系统连接如图 6-32 所示。

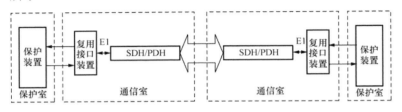

图 6-32 2Mbit/s 复用方式下系统连接图

1. 纵联方向保护光纤通道连接

由于各种保护装置原理的不同，不同的保护装置在利用通道的方式上也各有不同。均需要利用通道传递"允许"或者"闭锁"信号构成"允许式"或"闭锁式"保护，因此纵联方向保护和纵联距离保护在利用光纤通道时通常会增加一个信号传输装置，将纵联方向保护和纵联距离保护装置输出的"允许"或者"闭锁"逻辑信号转换成光信号再传输到对侧，光端机放置在信号传输装置的内部。而纵联电流差动保护装置则需要利用通道传输两侧的模拟量经数字采样处理后的数字信息，一般来讲，不需要再增加信号传输装置，光端机内置在纵联电流差动保护装置的内部。

纵联方向保护和纵联距离保护装置光纤专用通道连接方式如图 6-33 所示。

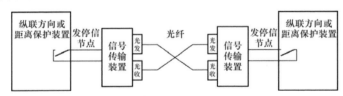

图 6-33 线路纵联方向保护装置专用光纤连接示意图

纵联方向保护和纵联距离保护 64kbit/s PCM 复用光纤通道连接方式如图 6-34 所示。

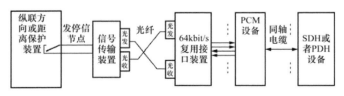

图 6-34 64kbit/s PCM 复用时的纵联方向保护一侧连接示意图

纵联方向保护和纵联距离保护装置 2Mbit/s 接口复用光纤通道连接方式如图 6-35 所示。

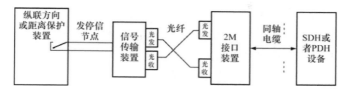

图 6-35　2Mbit/s 接口复用时的纵联方向保护一侧连接示意图

2. 纵联电流差动保护光纤通道连接

纵联电流差动保护专用通道方式如图 6-36 所示,纵联电流差动保护 64kbit/s PCM 复用光纤通道连接方式如图 6-37 所示,纵联电流差动保护 2Mbit/s 复用光纤通道连接方式如图 6-38 所示。

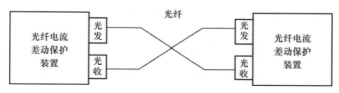

图 6-36　线路光纤电流差动保护装置专用光纤连接示意图

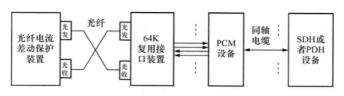

图 6-37　64kbit/s PCM 复用时的差动保护一侧连接示意图

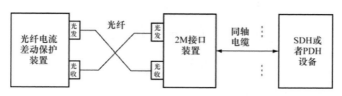

图 6-38　2Mbit/s 接口复用时的差动保护一侧连接示意图

三、线路光纤电流纵联差动保护数据传输方式

线路光纤电流差动保护数据传输如图 6-39 所示,两侧保护采用脉冲编码调

制（PCM）的方式传送保护模拟量、开关量信息。本侧保护装置采集的模拟量，经 A/D 转换为数字量，连同需要的开关量（保护启动、远方跳闸等）为并行数据，通过时钟调整，由并行数据转化为串行数据（P/S），转化的串行数据经过调

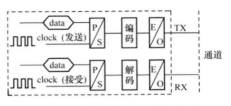

图 6-39　线路差动保护数据传输

制后，经更高频率的编码由电光转换（E/O）变换为光信号，通过通道发送。本侧接收对侧保护装置发送的数据，经光电转换（O/E）变换为电信号，电信号经过解码，完成解调功能，输出时钟和串行数据，输出时钟和串行数据，串行数据转化为并行数据（S/P），本侧保护装置得到对侧保护装置的模拟量、开关量信息。保护装置根据两侧数据信息判断是否区内故障。纵联电流差动保护装置需要利用通道传输两侧的模拟量经数字采样处理后的数字信息，一般来讲，不需要再增加信号传输装置，光端机内置在纵联电流差动保护装置的内部。

四、光纤电流差动保护时钟设置

图 6-40 为线路差动保护装置内、外时钟设置。发送时钟采用装置时钟，设置短接内时钟跳线；发送时钟采用提取时钟时，设置短接外时钟跳线。两侧差动保护装置时钟设置有三种方式：①两侧装置发送时钟均采用内时钟方式称为"主—主"时钟方式；②两侧装置均采用外时钟方式称为"从—从"时钟方式；③一侧装置采用内时钟方式，一侧装置采用外时钟方式称为"主—从"时钟方式。

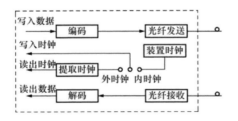

图 6-40　线路差动保护内、外时钟设置

1. 专用通道方式时钟设置

专用光纤通道方式下，通道为保护专设，通道中没有任何节点，没有其他时钟源，通道专一、简单。"从—从"时钟方式时装置无法运行，只能设置为"主—主"时钟方式或"主—从"时钟方式。

设置为"主—主"时钟方式，两侧装置均采用内时钟，写入时钟为装置时

钟，读出时钟为提取时钟，写入时钟与读出时钟频率偏差仅与锁相环有关，产生滑码最少。

设置为"主—从"时钟方式，主侧装置采用内时钟方式，从侧装置采用外时钟，主侧写入时钟为装置时钟，从侧写入时钟为提取时钟，读出时钟均为提取时钟。从侧提取时钟的好坏影响本侧时钟，不如采用"主—主"时钟方式。图 6-41 所示为专用通道方式的时钟方式示意图。

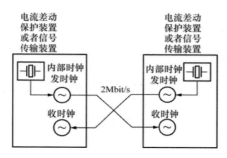

图 6-41　专用通道方式的时钟方式示意图

2. 复用通道方式时钟设置

（1）64kbit/s 复用 PCM 复用。采用内时钟方式，装置时钟 PCM 设备时钟有偏差，8kHz 的定时信号和 64kbit/s 的信息信号不是同一时钟，写入时钟不是 PCM 时钟，造成读出时钟与写入时钟偏差，产生滑码。所以 64kbit/s 复用 PCM 设备要采用外时钟模式，采用提取的时钟（PCM 时钟）作为写入时钟，既装置两侧设置为"从—从"时钟方式。图 6-42 所示为 64kbit/s 复接方式的时钟示意图。

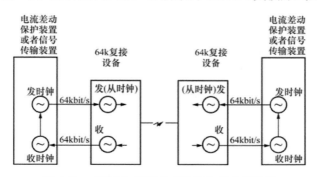

图 6-42　64kbit/s 复接方式的时钟方式示意图

（2）2Mbit/s 复用 PDH/SDH 设备。在 2Mbit/s 复用方式下，由于不经过 PCM 设备而直接连接 PDH/SDH 设备，而 PDH/SDH 网络根据各个节点的精确时钟确定工作速率。作为其中的一个节点，2Mbit/s 复用时，同专用方式设置相同。

采用 2Mbit/s 复用 PDH 时还要对两侧的 PDH 通信设备进行通信时钟设定，即把一侧的通信时钟设为主时钟（内时钟），另一侧通信时钟设为从时钟。否则会因为 PDH 的时钟设置不当产生周期性的滑码。采用 2Mbit/s 复用 PDH 时，每个节点上的时钟相同，两侧的通信设备不必进行通信时钟设定。图 6-43 所示为 2Mbit/s 接口复用方式的时钟方式示意图。

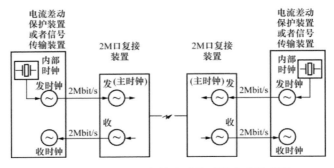

图 6-43　2Mbit/s 口复接方式的时钟方式示意图

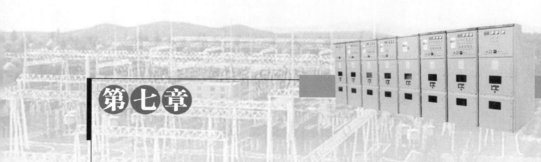

第七章

变压器保护原理及程序逻辑

第一节 变压器保护配置

变压器是电力系统中十分重要和必不可少的设备，它的工作可靠性对系统的安全运行影响极大。为此应根据变压器在实际运行中可能发生的各种故障及不正常工作状态装设必要且可靠的保护。

变压器故障可分为内部故障和外部故障两类。变压器内部故障是指变压器油箱内发生的各种故障，其主要类型有：各相绕组之间发生的相间短路，单相绕组部分线匝之间发生的匝间短路，单相绕组或引出线通过外壳发生的单相接地故障等。变压器发生内部故障是很危险的，因为短路电流产生的电弧不仅会破坏绕组的绝缘，烧坏铁芯，还可能由于绝缘材料和变压器油受热而产生大量气体，从而导致变压器油箱爆炸。变压器外部故障是指变压器油箱外部绝缘套管及其引出线上发生的各种故障，其主要类型有：绝缘套管闪烁或破碎而发生的单相接地（通过外壳）短路，引出线之间发生的相间短路等。

变压器最常见的不正常工作状态是过电流，即工作电流大于额定电流。产生过电流的原因很多，主要有外部短路故障切除时间长、并联工作变压器被断开、电动机的自启动、自动投入负荷、系统振荡等；另外，还有变压器油箱漏油造成的油面降低，由于外加电压过高或频率降低而引起的过励磁，变压器中性点电压升高，变压器温度及油箱压力升高和冷却系统故障等。

一、变压器主保护配置

（1）0.8MVA 及以上油浸式变压器和 0.4MVA 及以上车间内油浸式变压

器，均应装设瓦斯保护。当变压器壳内轻微故障产生轻微瓦斯或油面下降时，应瞬时动作于信号；当壳内产生大量瓦斯时，应瞬时动作于断开变压器各侧断路器。

带负荷调压变压器充油调压开关，也应装设瓦斯保护。

（2）对变压器的内部、套管及引出线的短路故障，按其容量及重要性的不同，应装设下列保护作为主保护，并瞬时动作于断开变压器各侧断路器。

1）电压在10kV及以下、容量在10MVA及以下的变压器，采用电流速断保护。

2）电压在35kV及以上、容量在10MVA及以上的变压器，采用纵差保护。对于电压为10kV的重要变压器，当电流速断保护灵敏度不符合要求时也采用纵差保护。

比率制动式差动保护是变压器的主保护，能反映变压器内部及引出线相间短路故障、高压侧单相接地短路及匝间层间短路故障，并能正确区分励磁涌流、过励磁故障。

比率制动式零序差动保护、分侧差动保护主要应用于三绕组自耦变压器，变压器高、中压侧发生单相接地故障时，在纵差保护灵敏度不够的情况下使用。分侧差动保护不仅能反映单相接地故障，而且对相间短路故障有很高的灵敏度。

过励磁保护主要用于500kV变压器因频率降低或电压升高引起的铁芯工作磁密过高时的保护。

二、变压器相间后备保护

对外部相间短路引起的变压器过电流，变压器应装设相间短路后备保护。保护带延时跳开相应的断路器。相间短路后备保护宜选用过电流保护、复合电压（负序电压和低电压）启动的过电流保护或复合电流保护（负序电流和单相式电压启动的过电流保护）。

35～66kV及以下中小容量的降压变压器，宜采用过电流保护。保护的整定值要考虑变压器可能出现的过负荷。

110～500kV降压变压器、升压变压器和系统联络变压器，相间短路后备保护用过电流保护不能满足灵敏性要求时，宜采用复合电压启动的过电流保护或复合电流保护（负序电流和单相式电压启动的过电流保护）。

对降压变压器、升压变压器和系统联络变压器，根据各侧接线、连接的系统和电源情况的不同，应配置不同的相间短路后备保护。该保护宜考虑能反映电流互感器与断路器之间的故障。

（1）单侧电源双绕组变压器和三绕组变压器，相间短路后备保护宜装于各侧。非电源侧保护可带两段或三段时限，用第一时限断开本侧母联或分段断路器，缩小故障影响范围；用第二时限断开本侧断路器；用第三时限断开变压器各侧断路器。电源侧保护可带一段时限，断开变压器各侧断路器。

（2）两侧或三侧有电源的双绕组变压器和三绕组变压器，除按上述装设保护外，为满足选择性的要求或为降低后备保护的动作时间，相间短路后备保护可带方向，方向宜指向各侧母线，但断开变压器各侧断路器的后备保护不带方向。

（3）低压侧有分支，并接至分开运行母线段的降压变压器，除在电源侧装设保护外，还在每个分支装设相间短路后备保护。

（4）如变压器低压侧无专用母线保护，变压器高压侧相间短路后备保护对低压侧母线相间短路灵敏度不够时，为提高切除低压侧母线故障的可靠性，可在变压器低压侧配置两套相间短路后备保护。这两套后备保护接至不同的电流互感器。

三、变压器接地后备保护

1. 变压器中性点接地后备保护

与 110kV 及以上中性点直接接地电网连接的降压变压器、升压变压器和系统联络变压器，对外部单相接地短路引起的过电流，应装设接地短路后备保护。该保护宜考虑能反映电流互感器与断路器之间的接地故障。

（1）在中性点直接接地的电网中，如变压器中性点直接接地运行，对单相接地引起的变压器过电流，应装设零序过电流保护，保护可由两段组成，其动作电流与相关线路零序过电流保护相配合。每段保护可设两个时限，并以较短时限动作于缩小故障影响范围，或动作于本侧断路器；以较长时限动作于断开变压器各侧断路器。

（2）对 330、500kV 变压器，为降低零序过电流保护的动作时间和简化保护，高压侧零序一段只带一个时限，动作于断开变压器高压侧断路器；高压侧零序二段也只带一个时限，动作于断开变压器各侧断路器。

（3）对自耦变压器和高、中压侧均直接接地的三绕组变压器，为满足选择性要求，可增设零序方向元件，方向宜指向各侧母线。

（4）普通变压器的零序过电流保护，宜接到变压器中性点引出线回路的电流互感器；零序方向过电流保护宜接到高、中压侧三相电流互感器的零序回路；自耦变压器的零序过电流保护应接到高、中压侧三相电流互感器的零序回路。

（5）对自耦变压器，为增加切除单相接地短路的可靠性，可在变压器中性点回路增设零序过电流保护。

（6）为提高切除自耦变压器内部单相接地短路故障的可靠性，可增设只接入高、中压侧和公共绕组回路电流互感器的星形接线电流分相差动或零序差动保护。装设此种保护后，可不再装设自耦变压器中性点回路的零序过电流保护。

2. 变压器中性点不接地后备保护

在 110、220kV 中性点直接接地的电力网中，当低压侧有电源的变压器中性点可能接地运行或不接地运行时，对外部单相接地短路引起的过电流，以及对因失去接地中性点引起的变压器中性点电压升高，应按下列规定装设后备保护：

（1）对于全绝缘变压器，除按上述装设零序过电流保护，满足变压器中性点直接接地运行的要求外，还应增设零序过电压保护，当变压器所连接的电力网失去接地中性点时，零序过电压保护经 0.3～0.5s 时限动作于断开变压器各侧断路器。

（2）对于分级绝缘变压器，除按上述装设零序过电流保护，满足变压器中性点直接接地运行的要求外，为限制此类变压器中性点不接地运行时可能出现的中性点过电压，在变压器中性点应装设放电间隙，并应装设经放电间隙接地的零序过电流保护和零序过电压保护。当变压器所接的电力网失去接地中性点，又发生单相接地故障时，此电压电流保护动作，经 0.3～0.5s 时限动作于断开变压器各侧断路器。

（3）变压器非电量类保护，可配置有轻瓦斯、重瓦斯、温度、油位、压力异常、压力释放、冷却器全停等。根据具体变压器保护配置的需要，可选择相应的保护。

（4）变压器过负荷保护可为单相式，具有定时限或反时限的动作特性，动作于信号。

第二节　变压器非电量保护原理

变压器非电量类保护，可配置有轻瓦斯、重瓦斯、温度、油位、压力异常、压力释放、冷却器全停等。根据具体变压器保护配置的需要，可选择相应的保护。变压器非电气量保护不应启动失灵保护，原因是非电量保护的触点返回慢，会误启动失灵保护。

一、瓦斯保护

瓦斯保护是变压器内部故障的主要保护元件，对变压器匝间和层间短路、铁芯故障、套管内部故障、绕组内部断线及绝缘劣化和油面下降等故障均能灵敏动作。在油浸式变压器油箱内发生故障时，短路点电弧使变压器油及其他绝缘材料分解，产生气体（含有瓦斯成分），从油箱向储油柜流动，反应这种气流与油流而动作的保护称为瓦斯保护。瓦斯保护的测量继电器为气体继电器。气体继电器安装于变压器油箱和储油柜的通道上。

气体继电器有三种形式，即浮筒式、挡板式及开口与挡板构成的复合式。目前大多采用开口与挡板构成的复合式。瓦斯保护继电器内，上部是一个密封的浮筒，下部是一块金属挡板，两者都装有密封的水银触点。浮筒和挡板可以围绕各自的轴旋转。在正常运行时，继电器内充满油，浮筒浸在油内，处于上浮位置，水银触点断开；挡板则由于本身重量而下垂，其水银触点也是断开的。当变压器内部发生轻微故障时，气体产生的速度较缓慢，气体上升至储油柜途中首先积存于瓦斯继电器的上部空间，使油面下降，浮筒随之下降而使水银触点闭合，接通延时信号，这就是所谓的"轻瓦斯"；当变压器内部发生严重故障时，则产生强烈的瓦斯气体，油箱内压力瞬时突增，产生很大的油流向储油柜方向冲击，因油流冲击挡板，挡板克服弹簧的阻力，带动磁铁向干簧触点方向移动，使水银触点闭合，接通跳闸回路，使断路器跳闸，这就是所谓的"重瓦斯"。重瓦斯动作，立即切断与变压器连接的所有电源，从而避免事故扩大，起到保护变压器的作用。

此外，对于有载调压的大型变压器，在有载调压装置内也设有瓦斯保护。变压器有载调压开关的瓦斯继电器与主变压器的瓦斯继电器作用相同，安装位置不同，型号不同。

二、压力保护

压力保护也是变压器油箱内部故障的主保护，含压力和压力突变量保护。其作用原理与重瓦斯保护基本相同，但它反映的是变压器油的压力。

压力继电器又称压力开关，由弹簧和触点构成，置于变压器本体油箱上部。

当变压器内部故障时，温度升高，油膨胀压力增高，弹簧动作带动继电器动触点闭合，切除变压器。

三、温度及油位保护

当变压器温度升高，温度保护动作发出报警信号。

油位保护是反映油箱内油位异常的保护。运行时，因变压器漏油或其他原因使油位降低时动作，发出报警信号。

四、冷却器全停保护

为了提高传输能力，对于大型变压器均配置有各种冷却系统。在运行中，若冷却系统全停，变压器温度会升高，若不及时处理，可能导致变压器绕组绝缘损坏。在变压器运行中冷却器全停应立即发出报警信号，并经延时切除变压器。

五、微机型变压器非电量保护原理示意图

微机型变压器非电量保护原理如图 7-1～图 7-3 所示。图中非电量开入触点分别为瓦斯、压力、温度、油位等继电器触点。

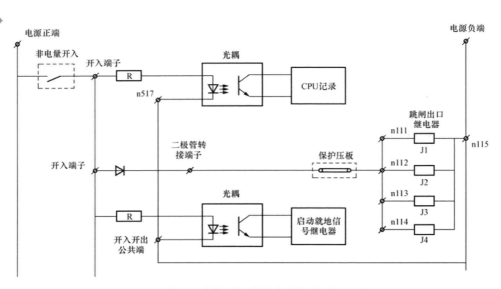

图 7-1　变压器直接跳闸的非电量保护原理示意图

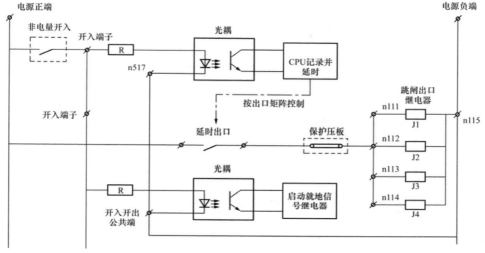

图 7-2 变压器延时跳闸的非电量保护原理示意图

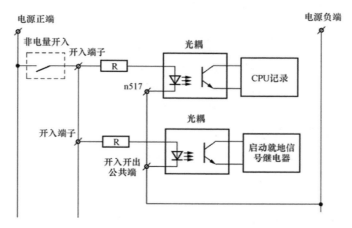

图 7-3 变压器不跳闸的非电量保护原理示意图

第三节 变压器纵差保护

一、变压器纵差保护基本原理

变压器纵差保护基本原理与线路差动保护基本原理相同。其接线原理如

图 7-4 所示。如正确选择变压器两侧 TA 变比和接线，在正常运行及外部故障时，理想状态下流入差动继电器 KD 的电流 $I_\mathrm{d} = \left| \dot{I}_\mathrm{h} - \dot{I}_1 \right| = 0$，保护不动。当内部故障时，$I_\mathrm{d} = \left| \dot{I}_\mathrm{h} - \dot{I}_1 \right| > 0 =$ 故障点的短路电流，保护动作切除变压器。纵差保护是变压器的主保护。它用来反映变压器绕组、套管及引出线的各种故障，且与瓦斯保护相配合，使保护的性能更加全面和完善。

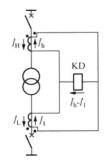

图 7-4　变压器差动
保护原理接线图

二、变压器纵差保护的特点

在实际运行中，变压器纵差保护差动回路中的不平衡电流大，形成不平衡电流的因素多。现对其不平衡电流的产生原因和消除方法分别讨论如下。

（一）变压器励磁涌流的特点及减小其对纵差保护影响的措施

1. 励磁涌流的产生及特点

变压器的励磁电流只通过变压器的一次绕组，它通过电流互感器进入差动回路形成不平衡电流。在正常运行情况下，其值很小，一般不超过变压器额定电流 3%～5%；当发生外部短路时，由于电压降压，励磁电流更小。因此，这些情况下对差动保护的影响一般可以不考虑。

当变压器空载合闸或外部故障切除后电压恢复过程中，由于变压器铁芯中的磁通量突变，使铁芯瞬间饱和，这时将出现数值很大的励磁电流，可达 5～10 倍的额定电流，称为励磁涌流。此电流通过差动回路，如不采取措施，纵差动保护将会误动作。

励磁涌流因变压器的铁芯严重饱和而产生。变压器稳态工作时，铁芯中的磁通滞后于外加电压 90°，如图 7-5（a）所示。假设铁芯无剩磁情况下，于电压瞬时值 u=0 时投入变压器，在 t=0 瞬时铁芯中的磁通应为 $-\varPhi_\mathrm{m}$。由于铁芯中的磁通不能突变，因此必须产生一个幅值等于 $+\varPhi_\mathrm{m}$ 的非周期分量的磁通抵消 $-\varPhi_\mathrm{m}$。若忽略非周期分量的衰减，则半周后，总磁通的幅值将达到 $2\varPhi_\mathrm{m}$。这时铁芯将严重饱和，励磁涌流达到最大值 $i_\mathrm{E.max}$，如图 7-5（b）所示。显然，在电压瞬时值最大时合闸就不会出现励磁涌流，而只有正常的励磁电流。但对于三相变压器，无论何时合闸，至少有两相出现不同程度的励磁电流。励磁涌流 i_E 的变化曲线见图 7-6。励磁涌流具有如下特点：

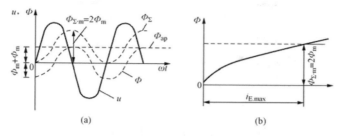

图 7-5　电压瞬时值为零投入变压器时的磁通与励磁涌流
(a) 磁通的变化；(b) 励磁涌流与磁通的关系曲线

（1）其值在初始很大，可达额定电流的 5～10 倍。

（2）含有大量非周期分量和高次谐波分量，且随时间衰减。在起始瞬间，励磁涌流衰减速度很快，对于一般的中小型变压器，经 0.5～1s 后，其值不超过额定电流的 0.25～0.5 倍，大型变压器励磁涌流的衰减速度较慢，衰减到上述值要 2～3s，即变压器的容量越大，衰减越慢，完全衰减需要十几秒时间。

（3）其波形有间断角 α，如图 7-7 所示。

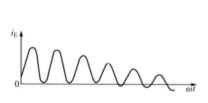

图 7-6　励磁涌流的变化曲线

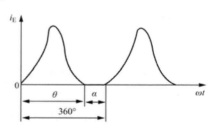

图 7-7　励磁涌流波形的间断角

2. 减小励磁涌流影响的措施

（1）利用延时动作或提高保护动作值来躲过励磁涌流。但前者会失去速动的优点，后者则降低了保护动作的灵敏度。

（2）在常规保护中利用励磁涌流中的非周期分量，采用具有速饱和变流器的差动继电器构成差动保护。

（3）利用励磁涌流中波形间断的特点，采用具有鉴别间断角功能的差动继电器构成差动保护。

（4）采用二次谐波制动的差动保护。

（5）采用利用波形对称识别原理的差动保护。

（二）变压器两侧接线组别不同引起的不平衡电流及消除措施

电力系统中常用 Yd11 接线的变压器，由于三角形侧的线电流比星形侧的同一相线电流相位超前 30°，因此如果两侧电流互感器都按通常接线方式接成星形，则即使变压器两侧电流互感器二次电流的数值相等，在差动保护回路中也会出现不平衡电流 I_{unb}，如图 7-8 所示。

为了消除此不平衡电流，可采用相位补偿法。在模拟量保护中，变压器星形侧的电流互感器的二次侧接成三角形，三角形侧的电流互感器二次侧接成星形，从而使变压器星形侧引入三相差动回路的电流分别为：A 相，$\dot{I}_{Ya} - \dot{I}_{Yb}$；B 相，$\dot{I}_{Yb} - \dot{I}_{Yc}$；C 相，$\dot{I}_{Yc} - \dot{I}_{Ya}$。其变化后的相量如图 7-9 所示。这样就消除了由于变压器 Yd11 接线造成的不平衡电流。

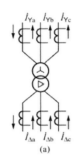 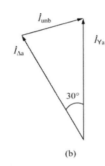 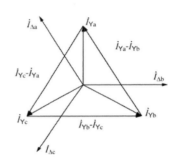

图 7-8　Yd11 变压器两侧电流互感器的二次电流　　图 7-9　Yd11 变压器两侧二次电流相量图
（a）变压器接线示意图；（b）电流相量图

142

在微机型保护中，允许变压器各侧的 TA 接成 Y 形，以变压器三角形侧的电流相位为基准，用软件对星形侧 TA 二次侧电流进行相位校准。Y 侧 TA 二次三相电流采样值为 $\dot{I}_{Ya}$、$\dot{I}_{Yb}$ 和 $\dot{I}_{Yc}$，软件通过计算对引入差动保护的各相电流进行校准，引入 A 相的电流为 $\dot{I}_{Ya} - \dot{I}_{Yb}$，B 相电流为 $\dot{I}_{Yb} - \dot{I}_{Yc}$，C 相电流为 $\dot{I}_{Yc} - \dot{I}_{Ya}$。结果同采用改变 TA 接线方式移相的方法是完全等效的。

另外，在微机型保护中也可以用变压器星形侧的电流相位为基准，用软件对三角形侧 TA 二次侧电流进行相位校准。三角侧 TA 二次三相电流采样值为 $\dot{I}_{\triangle a}$、$\dot{I}_{\triangle b}$ 和 $\dot{I}_{\triangle c}$，软件通过计算对引入差动保护的各相电流进行校准，引入 A 相的电流为 $(\dot{I}_{\triangle a} - \dot{I}_{\triangle b})/\sqrt{3}$，B 相电流为 $(\dot{I}_{\triangle b} - \dot{I}_{\triangle c})/\sqrt{3}$，C 相电流为 $(\dot{I}_{\triangle c} - \dot{I}_{\triangle a})/\sqrt{3}$，同样可以弥补变压器两侧电流相位差的问题。但是对于软件在三角侧移相的变压器纵差保护，当 Y 侧中性点接地运行，在 Y 侧差动范围外发生接地短路时，Y 侧差动回路有零序电流，而 △侧无零序电流，差动保护会误动。因此必须对 Y 侧零序电流进行补偿，Y 侧流入各相的差动电流分别为：A 相 $\dot{I}_{Ya} - 1/3 (\dot{I}_{Ya} + \dot{I}_{Yb} + \dot{I}_{Yc})$；B 相 $\dot{I}_{Yb} - 1/3(\dot{I}_{Ya} + \dot{I}_{Yb} + \dot{I}_{Yc})$；C 相 $\dot{I}_{Yc} - 1/3(\dot{I}_{Ya} + \dot{I}_{Yb} + \dot{I}_{Yc})$。

（三）电流互感器变比引起的不平衡电流及减小影响的措施

相位补偿后，在通过穿越性电流时，两侧流入差动回路的二次电流同相位，但还需使每相两差动回路中的电流大小相等。由于变压器各侧额定电流不等，电流互感器都是标准化的定型产品，所选择的电流互感器的变比不同，在差动回路中又会引起不平衡电流。例如，为了消除此不平衡电流，微机型保护必须对各侧计算电流值进行平衡调整。使正常运行时差动回路电流为零。

电流平衡调整如下：

1. 计算变压器各侧一次额定电流 I_{1N}

$$I_{1N} = S / \sqrt{3} U_N \tag{7-1}$$

式中：S 为变压器额定容量，应取最大容量侧的容量（kVA）；U_N 为本侧额定线电压，有调压分接点的，应取中间抽头电压（kV）。

2. 计算变压器各侧 TA 二次计算电流

$$I_{2c} = \frac{I_{1N}}{K_n} K_{jx} \tag{7-2}$$

式中：K_n 为本侧 TA 变比，当用于高压侧记为 K_h，中压侧记为 K_m，低压侧记为 K_L；K_{jx} 为 TA 接线系数，Y 形侧 $K_{jx} = \sqrt{3}$，△形侧 $K_{jx} = 1$。

3. 计算电流平衡调整系数 K_b

首先规定变压器的基准电流 I_n，有的保护以高压侧的二次计算电流为基准电流值，有的保护装置以 5A 为基准电流值，然后对其他各侧的 TA 变比进行计算调整，其调整系数为 K_b。K_b 作为整定值输入保护装置，由保护软件完成差动 TA 自动平衡，其他各侧调整系数按式（7-3）计算

$$K_b = I_n / I_{2c} \tag{7-3}$$

变压器各侧电流模拟量经模数转换，相位调整后再乘以电流平衡调整系数后引入差动保护，这样就弥补了由于变压器接线的不同，各侧额定电流的不同，以及各侧 TA 变比不同所引起的不平衡电流。但是在微机保护装置中 K_b 是以二进制的方式取值，所以 K_b 不可能使差动保护完全达到平衡，仍有一些误差存在。

（四）变压器各侧电流互感器型号不同产生的不平衡电流及采取的措施

此不平衡电流是由两侧电流互感器的相对误差引起的，型号相同的相对误差较小，型号不同则相对误差就会较大。变压器各侧的电压等级和额定电流不同，因而采用的电流互感器的型号不同，它们的特性差别较大，故会引起较大的不平衡电流。此不平衡电流应在保护的整定计算中予以考虑。

（五）变压器调压分接头改变产生的不平衡电流及采取的措施

带负荷调压的变压器在运行中常常需要改变分接头来调电压，这样就改变了变压器的变比，原已调整平衡的差动保护，又会出现新的不平衡电流。此不平衡电流也应在保护的整定计算中予以考虑。

三、变压器差动保护原理

目前在变压器纵差保护装置中，为了提高内部故障时保护动作的灵敏度和可靠躲过外部故障的不平衡电流，均采用比率制动特性的差动元件。由于变压器差动保护是分相设置的，在分析差动保护原理时以单相为例来说明保护原理。

（一）和差式比率差动保护原理

差动电流 $I_d = \left| \sum_{i=1}^{m} \dot{I}_i \right|$，$\dot{I}_i$ 为变压器各侧电流。制动电流为 I_r，对于双绕组变压器 $I_r = \left| \dot{I}_h - \dot{I}_l \right| / 2$，对于三绕组变压器 $I_{r.1} = \left| \dot{I}_h + \dot{I}_l - \dot{I}_m \right| / 2$，$I_{r.2} = \left| \dot{I}_h + \dot{I}_m - \dot{I}_l \right| / 2$，$I_{r.3} = \left| \dot{I}_m + \dot{I}_l - \dot{I}_h \right| / 2$，取 $I_r = \max[I_{r.1}, I_{r.2}, I_{r.3}]$。也有的保护装置取 $I_r = \max[I_h, I_m, I_l]$。

（1）一段折线式差动元件动作方程

$$I_d \geqslant I_{OP.min} + K_r I_r \tag{7-4}$$

式中：K_r 为比率制动系数，即折线的斜率，按躲过变压器出口三相短路时产生的最大不平衡电流来整定；$I_{OP.min}$ 为差动元件的启动电流，按躲过正常运行时的最大不平衡电流整定。

（2）二段折线式差动元件动作方程

$$\begin{cases} I_d \geqslant I_{OP.min} & I_r \leqslant I_{r.0} \\ I_d \geqslant K_r(I_r - I_{r.0}) + I_{OP.min} & I_r > I_{r.0} \end{cases} \tag{7-5}$$

式中：$I_{r.0}$ 为拐点电流，即出现制动作用的最小电流，一般取 $0.6 \sim 0.8 I_N$。

其他符号意义同式（7-4）。

（3）三段折线式差动元件动作方程

$$\begin{cases} I_d \geqslant I_{OP.min} & I_r \leqslant I_{r.0} \\ I_d \geqslant K_r(I_r - I_{r.0}) + I_{OP.min} & I_{r.0} < I_r \leqslant I_{r.1} \\ I_d \geqslant K_{r.1}(I_r - I_{r.0}) + K_{r.2}(I_r - I_{r.1}) + I_{OP.min} & I_r > I_{r.1} \end{cases} \quad (7-6)$$

式中：$K_{r.1}$ 为第二段折线的斜率；$K_{r.2}$ 为第三段折线的斜率；$I_{r.1}$ 为第二个拐点电流；其他符号意义同式（7-4）。

根据式（7-4）～式（7-6）绘出的差动元件动作曲线分别如图 7-10～图 7-12 所示。

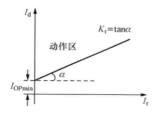

图 7-10　一段折线式差动元件的动作曲线　　图 7-11　二段折线式差动元件的动作曲线

变压器内部故障时 I_d 很大，变压器各侧有电源时 I_r 很小为不平衡电流，I_d 大于 I_r，保护动作跳开变压器各侧断路器。变压器只有一侧有电源时 I_r 等于电源侧电流的一半，还存在制动量。变压器区外故障时，I_d 很小，等于不平衡电流，I_r 很大，I_d 小于 I_r，保护不动作。

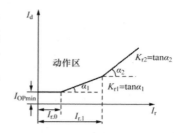

图 7-12　三段折线式差动
元件的动作曲线

（二）复式比率差动保护原理

和差式比率制动的差动保护，在区内故障时保护仍带制动量动作，因此其灵敏度不会很高，尤其是无法检测出变压器内部匝数很少的匝间短路或靠中性点侧的短路故障。为了提高保护内部故障的灵敏度，微机保护开始采用复式比率制动的差动保护。这种复式比率制动原理的差动保护能提高内部故障时的灵敏度。

复式比率差动保护中差动电流 $I_d = \left| \sum\limits_{i=1}^{m} \overset{\cdot}{I}_i \right|$，$\overset{\cdot}{I}_i$ 为变压器各侧电流。复

合制动电流 $I_r = \left| I_d - \sum\limits_{i=1}^{m} \left| \overset{\text{\tiny ·}}{I_i} \right| \right|$。内部故障时 I_d 与 $\sum\limits_{i=1}^{m} \left| \overset{\text{\tiny ·}}{I_i} \right|$ 相差很小（理论值为零），

因此这时制动电流 I_r 就很小，而且 I_d 与 $\sum\limits_{i=1}^{m} \left| \overset{\text{\tiny ·}}{I_i} \right|$ 之差又把两者中的电流补偿的误

差因素消除了，从而有可能做到区内故障时无制动量。在外部故障时，虽然 I_d

随短路电流增大而变大，但这时 I_d 是不平衡差流，比 $\sum\limits_{i=1}^{m} \left| \overset{\text{\tiny ·}}{I_i} \right|$ 小得多，所以

$\sum\limits_{i=1}^{m} \left| \overset{\text{\tiny ·}}{I_i} \right| \square I_d$，因此 I_r 制动电流就显得很大，这样的制动电流就能满足差动保护

的要求。由此可见，在制动电流 I_r 中因复合了差动电流 I_d 和含制动因素的电流

$\sum\limits_{i=1}^{m} \left| \overset{\text{\tiny ·}}{I_i} \right|$，所以这种制动电流能提高保护的灵敏度和可靠性。

复式比率差动保护动作方程为

$$\begin{cases} I_d \geqslant I_{\text{OP.min}} & I_r \leqslant I_{r.0} \\ I_d \geqslant K_r (I_r - I_{r.0}) + I_{\text{OP.min}} & I_r > I_{r.0} \end{cases} \tag{7-7}$$

式中：K_r 为比率制动系数，即折线的斜率，按躲过纵
差保护区外故障时产生的最大不平衡电流来整定；I_r
为复合制动电流。

复式比率差动保护的特性曲线如图 7-13 所示。

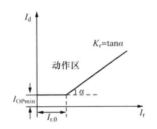

图 7-13　复式比率差动保护
特性曲线

（三）工频变化量比率差动保护

工频变化量差动电流 $\Delta I_d = \left| \sum\limits_{i=1}^{m} \Delta \overset{\text{\tiny ·}}{I_i} \right|$，$\Delta \overset{\text{\tiny ·}}{I_i}$ 为变压

器各侧电流的工频变化量。工频变化量制动电流 $\Delta I_r = \max \left\{ \left| \Delta I_{h\phi} + \Delta I_{m\phi} + \Delta I_{l\phi} \right| \right\}$，

$\phi =$ U、V、W，ΔI_r 取最大相制动。

保护动作方程为

$$\begin{cases} \Delta I_d > 1.25 \Delta I_T + I_T \\ \Delta I_d > k_{r.1} \Delta I_r & \Delta I_r < 2 I_N \\ \Delta I_d > k_{r.2} \Delta I_r - 0.3 I_N & \Delta I_r > 2 I_N \end{cases} \tag{7-8}$$

式中：ΔI_T 为浮动门坎，随着变化量输出增大而逐步自动提高；I_T 为固定门坎；
$K_{r,1}$ 为第一段折线比率制动系数，一般取 0.6；$K_{r,2}$ 为第二段折线比率制动系数，
一般取 0.75。

工频变化量比率差动保护的动作特性曲线如图 7-14 所示。

工频变化量指故障分量，正常运行时无故障分量，只有故障时才有故障分量，因此，工频变化量的制动系数可以取较高的数值，其本身的特性使其抗区外故障时 TA 的暂态和稳态饱和能力较强。工频变化量比率差动元件提高了装置在变压器正常运行时内部发生轻微匝间故障的灵敏度。

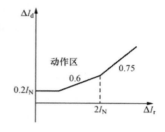

图 7-14　工频变化量比率差动保护的动作特性曲线

（四）差动速断

一般情况下比率制动原理的差动保护作为电力变压器主保护，变压器差动速断保护是纵差保护的辅助保护。由于变压器差动保护中设置有涌流判别元件，因此，受电流波形畸变及电流中谐波的影响很大。当区内故障电流很大时，差动电流互感器可能饱和，从而使差流中含有大量的谐波分量，并使差流发生畸变，可能导致差动保护拒动或延缓动作。差动速断保护只反映差流的有效值，不受差流中的谐波及波形畸变的影响。在严重内部故障短路电流很大的情况下，差动速断能快速动作，迅速将故障点隔离。

差动速断的整定值应按躲过变压器励磁涌流来确定。

$$I_d > K I_N \qquad (7\text{-}9)$$

式中：I_d 为差动速动元件的动作电流；K 为可靠系数，一般取 $4\sim8$；I_N 为变压器的额定电流。

四、涌流闭锁元件

当变压器空载合闸或外部故障切除后电压恢复过程中，由于变压器铁芯中的磁通量突变，使铁芯饱和，这时将出现数值很大的励磁电流，可达 $5\sim10$ 倍额定电流，称为励磁涌流。此电流通过差动回路，如果不采取措施，纵差保护将会误动。为了防止这种保护误动，变压器纵差保护需经涌流闭锁才能出口跳闸。

1. 二次谐波制动原理

在变压器励磁涌流中含有大量的二次谐波分量，一般占基波分量的 40%以上。利用差电流中二次谐波所占的比率作为制动系数，可以鉴别变压器空载合闸时的励磁涌流，从而防止变压器空载合闸时保护误动。

在差动保护中差流的二次谐波幅值用 $I_{2\omega}$ 表示，差电流 I_d 中二次谐波所占的比率 $K_{2\omega}$ 可表示如下

$$K_{2\omega} = I_{2\omega} / I_d \qquad (7\text{-}10)$$

当 $K_{2\omega}$ 小于二次谐波制动系数 D 时，开放比率差动保护。二次谐波制动系数 D 有 0.15、0.20、0.25 三种系数可选。根据变压器动态试验，典型取值为 0.15，一般不宜低于 0.15。需要指出的是，二次谐波制动的原理是有缺陷的，在变压器剩磁较大的情况下，励磁涌流的二次谐波占基波分量的比率有时小于 0.15。

利用二次谐波制动的差动保护存在一些问题，变压器空载合闸时励磁涌流的大小与电压合闸角度有关，在电压瞬时值为 0 时合闸产生的励磁涌流最大，在电压瞬时值最大时合闸产生的励磁涌流最小。由于变压器三相合闸角度不同时，三相所产生的励磁涌流大小不同，会有某一相的二次谐波分量含量很小，而其他相又满足差动动作条件，造成保护误动。为了解决这一问题，保护采用或门制动方式，即三相电流中任一相制动，三相全部制动。如图 7-15 所示，这样虽解决了涌流时的拒动问题，但当变压器有涌流同时发生单相或两相内部故障时，差动保护将因健全相的涌流制动而拒动。

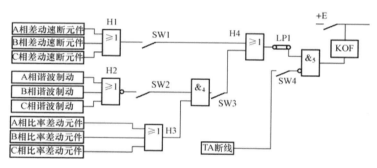

图 7-15 "或门"闭锁变压器纵差保护逻辑框图

2. 间断角制动

变压器内部故障时，故障电流的波形无间断；而变压器空投时，励磁涌流的波形是间断的，而且间断角很大。因此可利用间断角来判别励强涌流，防止保护误动。

3. 波形对称识别原理

在微机保护中，采用波形对称算法。首先将流入差动元件的差流进行微分，滤去电流中的直流分量，使电流波形不偏移时间轴的一侧，在变压器纵差区内故障时，各侧电流经电抗互感器 TK 变换后，差电流的波形是基本对称的，而励磁涌流经 TK 变换后，有大量的谐波分量存在，波形是间断不对称的。因此鉴别经 TK 变换后的波形对称性，就可区分励磁涌流和内部故障，而波形的对称性是靠如下算法来检验的。

$$|i_{d.(n)} - i_{d.(n-N/2)}| > K|i_{d.(n)} + i_{d.(n-N/2)}| \qquad (7-11)$$

式中：$i_{d.(n)}$ 为差电流第 n 点的瞬时值；$i_{d.(n-N/2)}$ 为差电流第 n 点前半周的瞬时值。

满足式（7-11）则认为波形是对称的，否则认为波形是不对称的。

变压器内部故障时，$i_{d.(n)}$ 值与 $i_{d.(n-N/2)}$ 值大小基本相等，相位基本相反。励磁涌流的波形有很大的间断角，$i_{d.(n)}$ 值与 $i_{d.(n-N/2)}$ 值相差很大，相位也不会相差 180°。由波形对称识别原理构成的差动保护是按相实现的，如图 7-16 所示，解决了变压器空投故障因涌流制动而拒动的问题。

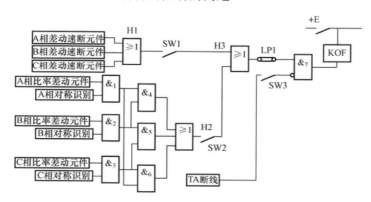

图 7-16　"与门"闭锁变压器纵差保护逻辑框图

4. 过励磁闭锁

对于超高压大型变压器，为防止过励磁运行时差动保护误动，设置过励磁闭锁，当变压器过励磁时，将纵差保护闭锁。其原理是变压器过励磁，励磁电流中的 5 次谐波分量大大增加，当差动电流中 5 次谐波分量大于某一值时，将差动保护闭锁。

第四节　变压器后备保护原理及程序逻辑

一、复合电压闭锁（方向）过电流保护

复合电压过电流保护适用于升压变压器、系统联络变压器及过电流保护不能满足灵敏度要求的降压变压器。

（一）保护逻辑

复合电压闭锁过电流保护，由复合电压元件与过电流元件相与经一定时间

延时动作。作为被保护设备及相邻设备相间短路故障的后备保护。如加方向元件，当方向指向变压器时，作为变压器的后备保护；当方向元件指向母线时，作为母线及线路的后备保护。其动作逻辑如图 7-17 所示。图中 U_{ac} 为 AC 相间电压，U_2 为负序电压。复合电压元件由低电压元件和负序电压元件按或逻辑构成。发生两相短路时，负序电压反映不对称相间短路，低压元件反映对称或不对称相间短路。

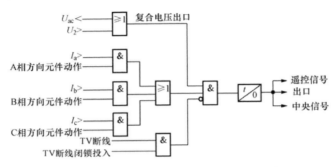

图 7-17　复合电压闭锁方向过电流保护逻辑框图

（二）保护配置及整定原则

各侧延时相电流保护的主要作用是本侧母线、母线的连接元件以及变压器的后备保护，对于两侧或三侧电源的变压器，为简化配合关系，缩短动作时间，相电流保护可带方向，方向宜指向各侧母线，同时，在各侧电源侧以不带方向的长延时相电流保护作为总后备保护。

为提高灵敏度，增加安全性，相电流保护宜经复合电压闭锁，各侧电压闭锁元件可以并联使用，即复合电压元件可取本侧或多侧"或"。其复合电压闭锁逻辑如图 7-18 所示。为缩短变压器后备保护动作时间，变压器各侧不带方向的长延时相电流保护跳三侧的时间可以相同。如各侧方向过电流保护均指向本侧母线，跳本侧母联断路器和本侧断路器的时间相同。

变压器外部短路故障，如短路电流大于任一侧绕组热稳定电流时，变压器过电流保护动作时间不应超过 2s。

（1）单侧电源三绕组变压器电源侧的过电流保护。作为变压器安全的最后一级跳闸保护，同时兼作无电源侧母线和出线故障的后备保护，电源侧过电流保护一般应对无电源侧母线故障有 1.5 的灵敏系数。

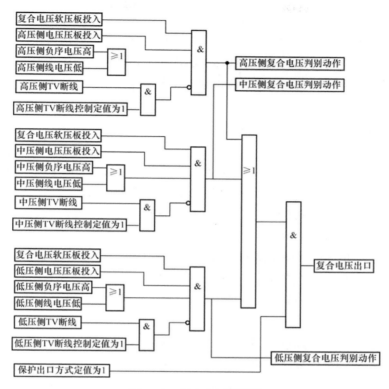

图 7-18　复合电压逻辑图

1）变压器的电源侧过电流保护定值应与中低压侧的过电流保护定值配合，配合系数一般取 1.05～1.1。动作后，跳三侧断路器。

2）中压侧的过电流保护的电流定值按躲额定负荷电流整定，时间定值应与本侧出线保护最长动作时间配合。动作后，跳本侧断路器，如有两段时间，可先跳本侧断路器，再跳三侧电路器；在变压器并列运行时，还可先跳本侧母联断路器，再跳本侧断路器，后跳三侧断路器。

3）由于低压侧母线一般无母线保护，低压侧过电流保护宜为两段，Ⅰ段电流定值保低压母线故障有灵敏度，时间定值与本侧出线保护或母联保护的Ⅰ段配合，跳本侧断路器；Ⅱ段电流定值按躲过负荷电流整定，时间定值与本侧出线保护或母联保护最末段时间配合，跳本侧断路器、再跳三侧断路器。

单侧电源两绕组变压器过电流保护的整定原则与单侧电源三绕组变压器的整定原则相同。

（2）多侧电源变压器方向过流保护。宜指向本侧母线，各电源侧过电流保护作为总后备，其定值按下述原则整定：

1）方向过电流保护作为本侧母线的后备保护，其电流定值按保本侧母线有灵敏度整定，时间定值应与出线保护相应配合。动作后，跳本侧断路器；在变压器并列运行时，也可先跳本侧母联断路器，再跳本侧断路器。

2）主电源侧的过电流保护作为变压器、其他侧母线、出线的后备保护，电流定值按躲本侧负荷电流整定，时间定值应与出线保护最长动作时间配合。动作后，跳三侧断路器。

3）小电流侧的过电流保护作为本侧母线和出线的后备保护，电流定值按躲本侧负荷电流整定，时间应与出线保护最长动作时间配合。动作后，跳三侧断路器。在其他母线侧故障时，如该过电流保护没有灵敏度，应由小电源侧并网线路的保护装置切除故障。

（3）主电网间联络变压器的相间短路后备保护。高（中）压侧（主电源侧）相间短路后备保护动作方向可指向变压器，作为变压器高（中）压侧绕组及对侧母线相间短路故障的后备保护，并对中（高）压侧母线故障有足够的灵敏度，灵敏系数大于1.5。

（4）供电变电所降压变压器的相间短路后备保护。高压侧（主电源侧）相间短路后备保护动作方向可指向变压器，对中压侧母线故障有足够灵敏度。中压侧相间短路保护动作方向指向本侧母线，对中压侧母线故障有足够灵敏度，灵敏系数大于1.5。

低压元件的动作电压按躲过无故障运行时保护安装处或 TV 安装处出现的最低电压来整定，即

$$U_{\mathrm{OP}} = \frac{U_{\min}}{K_{\mathrm{rel}}K_{\mathrm{r}}} \tag{7-12}$$

式中：U_{OP} 为动作电压整定值；$U_{\min}$ 为正常运行时出现的最低电压值；K_{r} 为返回系数，取 1.05；K_{rel} 为可靠系数，取 1.2。

负序电压元件按躲过正常运行时系统中出现的最大负序电压整定。此外，还应满足相邻线路末端两相短路时负序电压元件有足够的动作灵敏度。通常

$$U_{2\mathrm{OP}}=10\%U_{\mathrm{N}} \tag{7-13}$$

式中：U_{N} 为额定电压（TV 二次值）。

（三）功率方向元件

在两侧或三侧有电源的三绕组变压器上配置复合电压闭锁的方向过电流

保护。其中的方向元件用功率方向继电器来判定。功率方向元件的电压、电流取自本侧的电压、电流。

1. 90°接线的功率方向元件

90°接线是指当功率因数为 1 时，接入继电器的电流和电压间有 90°相角差。A 相功率方向元件接入电流是 $\dot{I}_A$，电压是 $\dot{U}_{BC}$；B 相功率方向元件接入电流是 $\dot{I}_B$，电压是 $\dot{U}_{CA}$；C 相功率方向元件接入电流是 $\dot{I}_C$，电压是 $\dot{U}_{AB}$。

正方向元件动作判据为
$$-90° < \arg \frac{\dot{I}}{\dot{U} \, e^{j\alpha}} < 90° \tag{7-14}$$

反方向元件动作判据为
$$90° < \arg \frac{\dot{I}}{\dot{U} \, e^{j\alpha}} < 270° \tag{7-15}$$

α 为功率方向元件的内角（30°或 45°），当电流超前电压正好为 α 时，正方向元件动作最灵敏。反方向元件的最大灵敏度角为 150°或 135°。

需要说明的是，正、反向出口三相短路故障时，因电压为零，方向元件将无法判别故障方向，造成在正向出口三相短路时可能拒动，反方向出口三相短路时可能误动。因此在微机型保护中，对电压应有记忆作用，从而保证方向元件正确判断故障方向。

2. 以正序电压为极化量方向元件

以正序电压为极化量方向元件采用 0°接线方式，A 相方向元件接入电流是 $\dot{I}_A$，电压是 $\dot{U}_{A1}$；B 相方向元件接入电流是 $\dot{I}_B$，电压是 $\dot{U}_{B1}$；C 相方向元件接入电流是 $\dot{I}_C$，电压是 $\dot{U}_{C1}$。

正方向元件动作判据为
$$-90° < \arg \frac{\dot{I}_\varphi}{\dot{U}_{\varphi1}} < 45° \tag{7-16}$$

反方向元件动作判据为
$$45° < \arg \frac{\dot{I}_\varphi}{\dot{U}_{\varphi1}} < 225° \tag{7-17}$$

式中：φ 为取 A、B、C；$\dot{U}_{\varphi1}$ 为相电压正序量。

最大灵敏度角为 45°。

与 90°接线的功率方向元件相同，为了防止出口三相短路，方向元件不能正确动作，对正序电压应有记忆作用，保证方向元件正确判断故障方向。

在保护装置定值单中设有控制字来控制方向的指向。接入装置的 TA 极性都设定正极性端在母线侧。当控制字为"1"时，表示方向指向母线；当控制字为"0"时，表示方向指向变压器。

当 TV 断线时，方向元件自动退出。

二、变压器零序（方向）过电流保护

中性点直接接地变压器的零序电流保护主要作为变压器内部、接地系统母线和线路接地故障的后备保护，一般由两段零序电流保护组成。

单侧中性点直接接地变压器的零序电流Ⅰ段电流定值，按保母线有 1.5 灵敏系数整定，动作时间与线路零序Ⅰ段或Ⅱ段配合，动作后跳母联断路器；如有第二时间段，则可跳本侧断路器。零序电流Ⅱ段电流和时间定值应与线路零序电流保护最末一段配合，动作后跳变压器各侧断路器；如有两段时间，动作后以较短时间跳本侧断路器(或母联断路器)，以较长时间跳变压器各侧断路器。

两侧中性点直接接地的三个电压等级的变压器，高压侧、中压侧零序电流Ⅰ段宜带方向，方向宜指向本侧母线，电流定值按保本侧母线有 1.5 灵敏系数整定，动作时间与本侧线路零序电流Ⅰ段或Ⅱ段配合动作后跳母联断路器，如有第二时间段，则可跳本侧断路器。零序电流Ⅱ段不带方向，对于三绕组变压器，零序电流取自变压器中性点电流互感器。高压侧零序电流Ⅱ段定值应与本侧线路零序电流保护最末一段配合，也应与中压侧零序电流Ⅱ段配合。中压侧零序电流Ⅱ段定值应与本侧线路零序电流保护最末一段配合，同时还应与高压侧方向零序电流Ⅰ段或线路零序电流保护酌情配合。零序Ⅱ段动作后，跳变压器各侧断路器；如有两段时间，动作后以较短时间跳本侧断路器（或母联断路器），以较长时间跳变压器各侧断路器。

只有高压侧中性点接地的变压器零序电流保护不应经零序方向元件控制，零序电流取自变压器中性点电流互感器。

自耦变压器高、中压侧中性点直接接地的变压器零序电流Ⅰ段保护，如选择性需要，可经零序方向元件控制，方向宜指向本侧母线。零序电流Ⅱ段保护不带方向，对于三绕组变压器，零序电流取自变压器中性点电流互感器，各侧零序电流Ⅱ段保护跳三侧的时间可以相同。

对中性点直接接地运行的主电网间联络变压器，高、中压侧接地故障后备保护动作方向宜指向变压器。如考虑整定配合需要作为本侧母线的后备保护时，高、中压侧接地故障后备保护动作方向可分别指向本侧母线。

对中性点直接接地的降压变压器，高压侧接地故障后备保护动作方向指向变压器。中压侧接地故障后备保护动作方向指向本母线。如有具体应用要求，高压侧接地故障后备保护动作方向也可指向本侧母线。

三、变压器中性点间隙保护

220kV 及以上的大型变压器，高压绕组均为分级绝缘，中性点附近的绕组部分对地绝缘水平比其他部位低，中性点的绝缘易被击穿。在电力系统中，为限制接地故障时零序电流的数值，变压器中性点接地运行的数量是有限的。因此，在变压器中性点不接地运行时应加入中性点间隙保护。

间隙保护是在中性点对地之间安装一个放电间隙。在变压器不接地运行时，若因某种原因变压器中性点对地电位升高到不允许值时，放电间隙击穿，产生零序电流，间隙零序过电流保护动作，跳开变压器。间隙零序电流的整定一次动作电流取 100A。

另外，当发生接地故障时，中性点放电间隙没有击穿，且全系统失去接地点，系统将出现很高的零序电压。为了保护电气设备应装设零序过电压保护动作，保护延时 0.3～0.5s 跳开变压器，其二次动作电压值取 150～180V。间隙零序电压保护一般接于本侧母线电压互感器开口三角绕组，也可接于本侧母线 TV 星形绕组。

考虑到在间隙击穿过程中，零序过电压和零序过电压可能交替出现，微机保护装置通过控制字设置零序过电压和零序过电流元件动作后相互保护，以保证间隙接地保护可靠动作。其动作逻辑如图 7-19 所示。

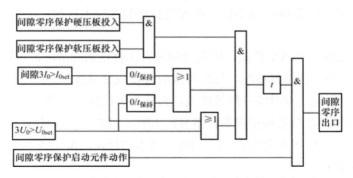

图 7-19　电流电压相互保持的间隙零序保护逻辑框图

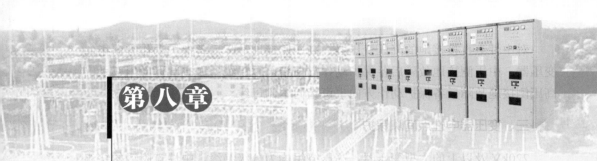

第八章

母线保护和断路器失灵保护

第一节　母线保护配置原则

母线是集中和分配电能的重要设备，是电力系统中的重要元件之一。有母线的主要接线形式有单母线和双母线。单母线又分为单母线、单母线分段、单母线分段带旁路；双母线又分为单断路器双母线、双断路器双母线、双母线分段、二分之三断路器双母线及带旁路的双母线等多种形式。母线结构简单，在大型发电厂和枢纽变电站，母线连接元件较多，在母线发生故障时，会造成大面积停电。母线故障的原因有母线绝缘子和断路器套管的闪络，装于母线上的电压互感器和装于母线和断路器之间的电流互感器故障，母线隔离开关和断路器的支持绝缘子损坏，运行人员的误操作等。

高压母线故障，如不及时切除故障，会导致电力系统的稳定性遭到破坏，从而使事故扩大。因此母线必须选择合适的保护方式。

GB/T 14285—2006《继电保护和安全自动装置技术规程》中对母线保护要求如下：

（1）对 220～500kV 母线，应装设快速有选择地切除故障的母线保护：

1）对一个半断路器接线，每组母线应装设两套母线保护；

2）对双母线、双母线分段等接线，为防止母线保护因检修退出失去保护，母线发生故障会危及系统稳定和使事故扩大时，宜装设两套母线保护。

（2）对发电厂和变电站的 35～110kV 电压的母线，在下列情况下应装设专用的母线保护：

1）110kV 双母线；

2）110kV 单母线、重要发电厂或 110kV 以上重要变电站的 35～66kV 母线，需要快速切除母线上的故障时；

3）35～66kV 电力网中，主要变电站的 35～66kV 双母线或分段单母线需快速而有选择地切除一段或一组母线上的故障，以保证系统安全稳定运行和可靠供电。

（3）对发电厂和主要变电所的 3～10kV 分段母线及并列运行的双母线，一般可由发电机和变压器的后备保护实现对母线的保护。在下列情况下，应装设专用母线保护：

1）须快速而有选择地切除一段或一组母线上的故障，以保证发电厂及电力网安全运行和重要负荷的可靠供电时；

2）当线路断路器不允许切除线路电抗器前的短路时。

（4）对 3～10kV 分段母线宜采用不完全电流差动保护，保护装置仅接入有电源支路的电流。保护装置由两段组成，第一段采用无时限或带时限的电流速断保护，当灵敏系数不符合要求时，可采用电压闭锁电流速断保护；第二段采用过电流保护，当灵敏系数不符合要求时，可将一部分负荷较大的配电线路接入差动回路，以降低保护的启动电流。

（5）专用母线保护应满足以下要求：

1）保护应能正确反应母线保护区内的各种类型故障，并动作于跳闸。

2）对各种类型区外故障，母线保护不应由于短路电流中的非周期分量引起电流互感器的暂态饱和而误动作。

3）对构成环路的各类母线（如一个半断路器接线、双母线分段接线等），保护不应因母线故障时流出母线的短路电流影响而拒动。

4）母线保护应能适应被保护母线的各种运行方式：

a．应能在双母线分组或分段运行时，有选择性地切除故障母线。

b．应能自动适应双母线连接元件运行位置的切换。切换过程中保护不应误动作，不应造成电流互感器的开路；切换过程中，母线发生故障，保护应能正确动作切除故障；切换过程中，区外发生故障，保护不应误动作。

c．母线充电合闸于有故障的母线时，母线保护应能正确动作切除故障母线。

5）双母线接线的母线保护，应设有电压闭锁元件。

a．对数字式母线保护装置，可在启动出口继电器的逻辑中设置电压闭锁回路，而不在跳闸出口触点回路上串接电压闭锁触点。

b．对非数字式母线保护，装置电压闭锁触点应分别与跳闸出口触点串接。母联或分段断路器的跳闸回路可不经电压闭锁触点控制。

6）双母线的母线保护，应保证：

a. 母联与分段断路器的跳闸出口时间不应大于线路及变压器断路器的跳闸出口时间。

b. 能可靠切除母联或分段断路器与电流互感器之间的故障。

7）母线保护仅实现三相跳闸出口，且应允许接于本母线的断路器失灵保护共用其跳闸出口回路。

8）母线保护动作后，除一个半断路器接线外，对不带分支且有纵联保护的线路，应采取措施，使对侧断路器能速动跳闸。

9）母线保护应允许使用不同变比的电流互感器。

10）当交流电流回路不正常或断线时应闭锁母线差动保护，并发出告警信号，对一个半断路器接线可以只发告警信号不闭锁母线差动保护。

11）闭锁元件启动、直流消失、装置异常、保护动作跳闸应发出信号。此外，应具有启动遥信及事件记录触点。

（6）在旁路断路器和兼作旁路的母联断路器或分段断路器上，应装设可代替线路保护的保护装置。

在旁路断路器代替线路断路器期间，如必须保持线路纵联保护运行，可将该线路的一套纵联保护切换到旁路断路器上，或者采取其他措施，使旁路断路器仍有纵联保护在运行。

（7）在母联或分段断路器上，宜配置相电流或零序电流保护，保护应具备可瞬时和延时跳闸的回路，作为母线充电保护，并兼作新线路投运时（母联或分段断路器与线路断路器串接）的辅助保护。

（8）对各类双断路器接线方式，当双断路器所连接的线路或元件退出运行而双断路器之间仍连接运行时，应装设短引线保护以保护双断路器之间的连接线。

第二节 微机型母线差动保护原理及程序逻辑

母线保护与变压器保护同属于元件保护，因此其主保护均采用分相比率制动差动保护。在模拟型母差保护中为了防止出口继电器由于振动或人员误碰出口回路造成的误跳闸，复合电压闭锁元件的触点，分别串联在差动元件出口继电器的各出口触点回路中。而微机型母线保护复合电压闭锁采用软件闭锁方式，当出口继电器由于振动或人员误碰出口回路仍会造成误跳闸。

一、比率制动母线差动保护工作原理

对于多母线保护，差动回路是由一个母线大差动和几段母线小差动构成的。母线大差动是指除母联支路和分段支路以外，各母线上其他所有支路电流所构成的差动回路。某一段母线的小差动是指与该母线相连接的各支路电流构成的差动回路，其中包括了与该母线相关联的母联支路和分段支路。大差作为启动元件，用以区分母线区内外故障；小差为故障母线选择元件。大差、小差均采用比率制动差动原理。对于单母线接线方式，不存在大差小差之分。

（一）比率制动母线差动保护

差动电流 $I_\text{d} = \left| \sum\limits_{j=1}^{m} \dot{I}_j \right|$，制动电流 $I_\text{r} = \left| \sum\limits_{j=1}^{m} \dot{I}_j \right|$。对于大差回路，$j$ 等于除母联支路和分段支路以外，各母线所有支路电流。对于小差回路，j 等于与该母线相联的所有支路（包括母联、分段支路）电流。

1. 保护动作方程

$$\begin{cases} I_\text{d} \geqslant I_\text{OP.min} \\ I_\text{d} \geqslant K_\text{r} I_\text{r} \end{cases} \tag{8-1}$$

式中：K_r 为比率制动系数，其值小于 1；$I_\text{OP.min}$ 为差动电流整定门坎，应躲过最大不平衡电流。

保护动作特性曲线如图 8-1 所示。由于 $\left| \sum\limits_{j=1}^{m} \dot{I}_j \right|$ 不可能大于 $\sum\limits_{j=1}^{m} \left| \dot{I}_j \right|$，故差动元件不可能工作于 $\alpha_2 = 45°$ 线的上方。

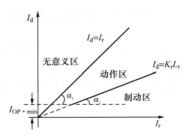

图 8-1　差动元件动作特性图

2. 母线区内故障差动保护灵敏度与外部故障 TA 误差对差动保护的影响

母线内部故障时，如果母线电压没有降为零，可能有负荷电流流出母线。假设流出母线的电流与总故障电流的百分比为 x。如图 8-2 所示，内部故障时流入故障点的电流为 $\sum \dot{I}_{m.\text{in}}$，流出故障点的电流为 $\sum \dot{I}_{n.\text{out}}$，$\sum \dot{I}_{m.\text{in}}$ 与 $\sum \dot{I}_{n.\text{out}}$ 方向相反。

$$I_\text{d} = \left| \sum\limits_{j=1}^{m+n} \dot{I}_j \right| = \left| \sum \dot{I}_{m.\text{in}} \right| - \left| \sum \dot{I}_{n.\text{out}} \right| \tag{8-2}$$

$$I_r = \sum_{j=1}^{m+n} \left| \overset{\text{\tiny$\bullet$}}{I}_j \right| = \left| \sum \overset{\text{\tiny$\bullet$}}{I}_{m.\text{in}} \right| + \left| \sum \overset{\text{\tiny$\bullet$}}{I}_{n.\text{out}} \right| \qquad (8\text{-}3)$$

要保证差动保护可靠动作，则有 $I_d / I_r > K_r$。将式（8-2）、式（8-3）代入，则

$$\frac{\left| \sum \overset{\text{\tiny$\bullet$}}{I}_{m.\text{in}} \right| - \left| \sum \overset{\text{\tiny$\bullet$}}{I}_{n.\text{out}} \right|}{\left| \sum \overset{\text{\tiny$\bullet$}}{I}_{m.\text{in}} \right| + \left| \sum \overset{\text{\tiny$\bullet$}}{I}_{n.\text{out}} \right|} > K_r \qquad (8\text{-}4)$$

流出母线的电流与总故障电流的百分比为

$$\frac{\sum \overset{\text{\tiny$\bullet$}}{I}_{n.\text{out}}}{\sum \overset{\text{\tiny$\bullet$}}{I}_{m.\text{in}}} = x\% \qquad (8\text{-}5)$$

将式（8-5）代入式（8-3）得

$$\frac{1-x}{1+x} > K_r \qquad (8\text{-}6)$$

母线外部故障时，故障支路 TA 可能产生较大的误差而引起不平衡电流，假设故障支路 TA 误差百分数为 δ。如图 8-3 所示，外部故障时流入故障点的电流为 $\sum \overset{\text{\tiny$\bullet$}}{I}_{m.\text{in}} = \overset{\text{\tiny$\bullet$}}{I}_k$，流出故障点的电流为 $\sum \overset{\text{\tiny$\bullet$}}{I}_{n.\text{out}}$，$\sum \overset{\text{\tiny$\bullet$}}{I}_{m.\text{in}}$ 与 $\sum \overset{\text{\tiny$\bullet$}}{I}_{n.\text{out}}$ 方向相反。当不考虑故障支路 TA 饱和时，$\sum \overset{\text{\tiny$\bullet$}}{I}_{m.\text{in}}$ 与 $\sum \overset{\text{\tiny$\bullet$}}{I}_{n.\text{out}}$ 大小相等，差动回路中无差动电流，$I_d = 0$；当故障支路 TA 饱和时，$\left| \sum \overset{\text{\tiny$\bullet$}}{I}_{m.\text{in}} \right| > \left| \sum \overset{\text{\tiny$\bullet$}}{I}_{m.\text{out}} \right|$，$I_d = \left| \sum \overset{\text{\tiny$\bullet$}}{I}_{m.\text{in}} \right| - \left| \sum \overset{\text{\tiny$\bullet$}}{I}_{m.\text{out}} \right| \neq 0$，TA 饱和产生的误差等于 I_d，且 $I_d / I_k = \delta\%$。

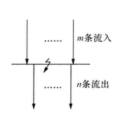

图 8-2　母线区内短路示意图

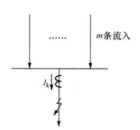

图 8-3　母线区外短路示意图

未考虑误差时，$I_r = \sum_{j=1}^{m+n} \left| \overset{\text{\tiny$\bullet$}}{I}_j \right| = \left| \sum \overset{\text{\tiny$\bullet$}}{I}_{m.\text{in}} \right| + \left| \sum \overset{\text{\tiny$\bullet$}}{I}_{n.\text{out}} \right| = \left| \sum \overset{\text{\tiny$\bullet$}}{I}_{m.\text{in}} \right| + \left| \overset{\text{\tiny$\bullet$}}{I}_k \right|$　$(8\text{-}7)$

实际中，由于故障支路 TA 的误差，使 TA 二次侧输出的电流并非是一次侧短路电流除以 TA 变比得到的电流，而是比此电流更小的电流，这两个电流之差即为差动回路中的电流 I_d，则

$$I_r = \sum_{j=1}^{m+n} \left| \overset{\square}{I}_j \right| = \left| \sum \overset{\square}{I}_{m.\text{in}} \right| + \left| \sum \overset{\square}{I}_{n.\text{out}} \right| = \left| \overset{\square}{I}_k \right| + \left| \overset{\square}{I}_k \right| - I_d = 2 \left| \overset{\square}{I}_k \right| - I_d \qquad (8\text{-}8)$$

要保证差动保护可靠不动，则有 $I_d / I_r < K_r$，将式（8-8）代入，则

$$\frac{I_d}{I_r} = \frac{I_d}{2 \left| \overset{\square}{I}_k \right| - I_d} < K_r \qquad (8\text{-}9)$$

将 $I_d / I_k = \delta\%$ 代入式（8-9），得

$$\frac{\delta}{2 - \delta} < K_r \qquad (8\text{-}10)$$

由式（8-6）、式（8-10）可看出 K_r 的大小影响 x、δ 的值。不同的 x 值时选取的 K_r 与允许 TA 的误差 δ 的关系见表 8-1。

表 8-1　　　　　　　　　　　比率差动保护 x、K_r 及 δ 的关系表

制动系数 K_r	x（%）	δ（%）	制动系数 K_r	x（%）	δ（%）
0.3	53.8	46.2	0.6	25	75
0.4	42.8	57.2	0.7	17.6	82.4
0.5	33.3	66.7	0.8	11.1	88.9

由表 8-1 可知，K_r 的选择要根据具体的系统选取适当的比率制动系数，才可确保母线内部故障时差动保护可靠动作，外部故障时差动保护可靠不动。

大差回路与小回路的动作方程及动作特性曲线相似，不同之处是大差的比率制动系数有两个，一个高定值一个低定值，当双母线分段运行时，比率制动系数取低定值，母线联络运行时，比率制动系数取高定值。

（二）复式比率制动差动保护

1. 保护动作方程

$$\begin{cases} I_d \geqslant I_{\text{OP.min}} \\ I_d \geqslant K_r (I_r - I_d) \end{cases} \qquad (8\text{-}11)$$

复式比率制动相对于比率制动，在制动量的计算中引入了差电流，使其在母线区外故障时有极强的制动特性，在母线区内故障时无制动，能更明确地区分区内故障和区外故障。图 8-4 示出复式比率差动元件的动作特性。

2. 母线区内故障差动保护灵敏度与外部故障 TA 误差对差动保护的影响

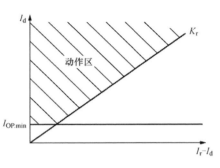

图 8-4　复式比率差动元件动作特性

同样假设流出母线的电流与总故障电流的百分比为 x，则差动电流 $I_d=1-x$，复式制动电流 $I_r-I_{dr}=2x$。

要保证差动保护可靠动作，则有

$$\frac{1-x}{2x} > K_r \qquad (8-12)$$

母线外部故障时，假设故障支路 TA 误差百分数为 δ，则差动电流 $I_d=\delta$，制动电流 $I_r=2-2\delta$。

要保证差动保护可靠不动，则有

$$\frac{\delta}{2-2\delta} < K_r \qquad (8-13)$$

由式（8-12）、式（8-13）可看出 K_r 的大小同样影响 x、δ的值。不同的 x 值时选取的 K_r 与允许 TA 的误差δ的关系见表 8-2。

表 8-2　　　　　　　　　　复式比率差动保护 x、K_r 及δ的关系表

制动系数 K_r	x（%）	δ（%）	制动系数 K_r	x（%）	δ（%）
1	40	67	3	15	85
2	20	80	4	12	88

同样由表 8-2 可知，K_r 的选择要根据具体的系统选取适当的比率制动系数，才可确保母线内部故障时差动保护可靠动作，外部故障时差动保护可靠不动。

（三）故障分量复式比率差动保护

为有效减少负荷电流对差动保护灵敏度的影响，进一步减少故障前系统电源功角关系对保护动作特性的影响，提高保护切除经过渡电阻接地故障的能力，可以采用电流故障分量分相差动构成复式比率差动判据。

故障分量差动电流 $\Delta I_d = \left| \sum_{j=1}^{m} \Delta \dot{I}_j \right|$，制动电流 $\Delta I_r = \sum_{j=1}^{m} \left| \Delta \dot{I}_j \right|$。

保护动作方程

$$\begin{cases} \Delta I_d \geqslant \Delta I_{OP.min} \\ \Delta I_d \geqslant K_r (\Delta I_r - \Delta I_d) \end{cases} \qquad (8-14)$$

由于电流故障分量的暂态性，故障分量复式比率差动保护仅在电流突变启动后的第一个周波投入。

二、母线各连接单元 TA 变比不同的调整

母差保护基本原理与线路、变压器差动保护基本原理相同，都是基于基尔霍夫定理。所有保护装置都是安装在 TA 互感器二次侧，当各支路 TA 变比不同时，在正常运行及外部短路时，差动回路电流不可能为零。为了消除这种由于 TA 变比不同引起的差流，使二次电流满足基尔霍夫定理，普通模拟型保护要求各单元 TA 变比必须相同，中阻抗母差保护通过调整辅助变流器使二次电流平衡，微机保护通过软件的方式进行调整。微机保护调整方式如下：母差各单元 TV 变比分别为 K_{n1}、K_{n2}、…、K_{nn}，且 $K_{n1} \neq K_{n2} \neq \cdots \neq K_{nn}$。将各支路 TA 变比输入保护中，保护以最大变比作为参考，算出各支路调整系数分别为 K_1、K_2、…、K_n，使 $K_1 K_{n1} = K_2 K_{n2} = \cdots = K_n K_{nn}$，假如变比 K_{nn} 最大，则 $K_n = 1$，$K_1 = K_{nn}/K_{n1}$，$K_2 = K_{nn}/K_{n1}\cdots$。各单元 TA 二次侧输出的电流转换成数字量后再乘以各自相应调整系数，即调整了由各支路 TA 变比不同引起的不平衡。

三、母差电流计算及出口逻辑计算

在双母线系统中，根据电力系统运行方式的变化需要，母线上的连接元件需在两条母线间切换，为了保证切换后各段母差回路能随一次系统变化，在微机型保护中引入各单元母线侧隔离开关辅助触点，用软件方式自动判别运行方式，自动计算母差回路电流和跳闸出口，其方式如下。

在双母线接线方式，以 $\dot{I}_1$、$\dot{I}_2$、…、$\dot{I}_n$ 表示各元件电流数字量，以 $\dot{I}_{1K}$ 表示母联电流数字量。以 S_{11}、S_{12}、…、S_{1n} 表示各元件 I 母隔离开关位置；以 S_{21}、S_{22}、…、S_{2n} 表示各元件 II 母隔离开关位置，0 表示隔离开关分，1 表示隔离开关合。以 S_{1K} 表示母联并列运行状态，0 表示分列运行，1 表示并列运行。各元件 TA 的极性端必须一致，一般母联只有一侧有 TA，设母联 TA 的极性与 II 母上的元件一致。

差动电流计算如下：

大差电流为

$$I_d = \left| \dot{I}_1 + \dot{I}_2 + \cdots + \dot{I}_n \right|$$

I 母小差电流为

$$I_{d1} = \left| S_{11} \dot{I}_1 + S_{12} \dot{I}_2 + \cdots + S_{1n} \dot{I}_n - S_{1K} \dot{I}_{1K} \right|$$

II 母小差电流为

$$I_{d1} = \left| S_{21} \dot{I}_1 + S_{22} \dot{I}_2 + \cdots + S_{2n} \dot{I}_n + S_{1K} \dot{I}_{1K} \right|$$

以 T_1、T_2、…、T_n 表示差动动作于各元件逻辑，0 表示不动作，1 表示动

作。以 T_{1K} 表示差动作于母联逻辑。以 F_1、F_2 分别表示 I 母、II 母故障，0 表示无故障，1 表示故障。则出口逻辑计算如下：

$$T_1=F_1S_{11}+F_2S_{21}, \quad T_2=F_1S_{12}+F_2S_{22}, \quad \cdots, \quad T_n=F_1S_{1n}+F_2S_{2n} \quad T_{1K}=F_1+F_2$$

如某一支路母线侧两副隔离开关同时合，I、II 母小差回路有差流，但大差回路没有，保护不会动作，此时母差保护自动到"互联"方式，即任一母线故障，大差动作，两条母线各单元全部跳闸。

四、TA 饱和检测元件

在母线近端发生区外故障时，由于 TA 严重饱和出现差电流，母差保护可能误动，为防止这种情况的产生，在保护中设置 TA 饱和检测元件。当检测到 TA 饱和时，闭锁母差保护。TA 饱和检测方法有同步识别和自适应阻抗加权抗饱和法两种。

1. 同步识别法

当母线上发生故障时，在母差差动元件中出现差电流，工频电压或工频电流的变化与差动元件中的差流同时出现。当母差保护区外故障，某组 TA 饱和，由于在区外故障的初期和线路过零点附近 TA 存在一个线性传变区，母线电压及各出线元件上的电流立即发生变化，差流没有变化，在故障后 $3\sim5ms$ TA 磁路饱和，差流变化。由此可见，通过判别差动元件与工频电压或工频电流元件是否同时动作可识别 TA 饱和情况，这种鉴别区外故障 TA 饱和的方法称为同步识别法。

2. 自适应阻抗加权抗饱和法

工频变化量阻抗 ΔZ 是母线电压的变化量与差动回路中电流变化量的比值。当区外故障时，出现工频变化量电压，$3\sim5ms$ TA 磁路饱和，出现差流，可计算出工频变化量阻抗 ΔZ。当区内故障时，工频变化量电压与差流同时出现，工频变化量阻抗 ΔZ 也同时出现。

自适应阻抗加权抗饱和法基本原理同同步识别法。

在 TA 饱和后，由于线路电流每周期中存在一个过零点，即存在一个线性传变区，因此对饱和的闭锁应该是周期性的。在判 TA 饱和后差动保护先闭锁一周期，随后在线性传变区时再度开放。这样即使出现故障发展，如区外故障转区内故障，差动保护仍能可靠地快速动作，以满足系统稳定要求。

五、复合电压闭锁

为防止 TA 二次回路断线引起保护误动，母差保护设置复合电压闭锁元件。

电压闭锁元件的动作方程为

$$\left\{\begin{array}{l} U_{ab} \leqslant U_{set} \ 或\ U_{bc} \leqslant U_{set} \ 或\ U_{ca} \leqslant U_{set} \\ 3U_0 \geqslant U_{0set} \\ U_2 \geqslant U_{2set} \end{array}\right.$$

式中：U_{ab}、U_{bc}、U_{ca} 为母线线电压；$3U_0$ 为母线 3 倍零序电压；U_2 为母线负序电压（相电压）；U_{set}、U_{0set}、U_{2set} 为各序电压闭锁定值。

三个判据中的任何一个满足，该段母线的电压闭锁元件就会动作，称为复合电压元件动作。当正常运行时某段母线 TV 断线，延时发 TV 断线告警信号。除了该段母线的复合电压元件将一直动作外，对保护没有其他影响。复合电压元件逻辑如图 8-5 所示。

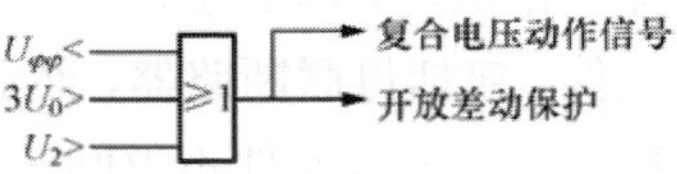

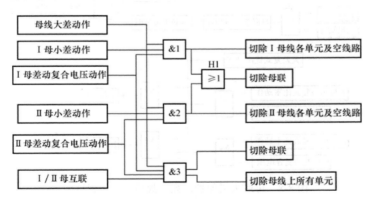

图 8-5　复合电压元件逻辑框图

六、母差保护动作逻辑

母差保护动作逻辑如图 8-6 所示。Ⅰ母故障时，Ⅰ母小差动作，Ⅰ母复合电压动作，大差动作，跳Ⅰ母上所有元件。Ⅱ母故障时，Ⅱ母小差动作，Ⅱ母复合电压动作，大差动作，跳Ⅱ母上所有元件。因此Ⅰ、Ⅱ母小差元件是选择元件。当Ⅰ/Ⅱ母互联时，只要大差动作，Ⅰ、Ⅱ母复合电压同时动作，跳两条母线上所有元件。Ⅰ/Ⅱ母互联，可由某一支路母线侧两副刀闸同时闭合自动到互联，也可由保护装置上互联硬压板投入互联。

图 8-6　母差保护动作逻辑框图

七、母线辅助保护

母差保护装置除了差动保护外还有一些辅助保护。

1. 母联（分段）死区保护

对于双母线或单母线分段，在母联单元上只安装一组 TA 情况下，母联（分段）TA 与母联断路器之间故障称为死区故障。如图 8-7 所示，K 点短路属于Ⅰ母母差保护范围，Ⅰ母小差、大差动作跳Ⅰ母所有元件，包括母联断路器，然而故障点并未隔离，大差电流元件不返回，母联 TA 仍有电流。如无死区保护，只能依靠Ⅱ母所联电源支路后备保护动作切除故障点，故障切除时间较长。为加快故障切除速度，增加了死区保护。

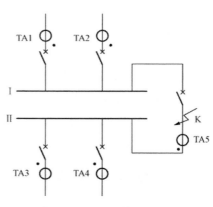

图 8-7 死区故障示意图

母联（分段）死区保护原理是当判断母联断路器跳闸后，经延时封闭母联 TA，即不将母联 TA 电流计入Ⅰ、Ⅱ母小差回路。在前述死区故障，母联（分段）断路器跳闸后，封闭母联 TA 后，Ⅱ母小差动作，大差动作，跳Ⅱ母所有元件。死区逻辑如图 8-8 所示。

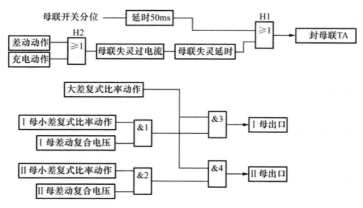

图 8-8 母联失灵保护、死区故障动作逻辑框图

母线分列运行时，死区点如发生故障，由于母联 TA 已被封闭，此时大差动作，Ⅰ母小差不动，Ⅱ母小差动作，直接跳Ⅱ母所有元件，避免了故障切除

范围扩大。

2. 母联（分段）失灵

失灵保护与死区保护有相同之处。如Ⅰ母线故障，大差动作，Ⅰ母小差动作，Ⅱ母小差不动，跳Ⅰ母所有元件，但母联（分段）断路器拒动，母联 TA 仍有电流，大差不返回，经延时封闭母联 TA 后，Ⅱ母小差动作，母联（分段）失灵动作跳Ⅱ母所有元件。

3. 母联充电保护

当一段母线经母联断路器对另一段母线充电时，若被充电母线存在故障，此时需要将母联断路器跳开。母联充电保护逻辑框图如图 8-9 所示。I_a、I_b、I_c 分别是母联 A、B、C 相电流，I_{set} 为充电保护动作电流。为防止充电时故障点短路电流太大造成母差保护误动，在充电保护中设置有充电闭锁母差功能，通过控制字选择是否闭锁母差保护。

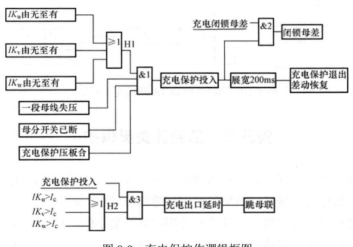

图 8-9　充电保护作逻辑框图

4. 母联（分段）过电流保护

母联（分段）过电流保护可以作为母线解列保护，也可以作为线路（变压器）的临时应急保护。

母联（分段）过电流保护压板投入后，当母联电流大于母联过电流定值，或母联零序电流大于母联零序过电流定值时，经可整定延时跳开母联断路器，不经复合电压闭锁。

母差保护还可与断路器失灵保护配合，具体内容在下一节中介绍。

八、电流回路断线闭锁

除母联（分段）断路器外，其他支路任一相差电流大于 TA 断线定值，延时发 TA 断线告警信号，同时闭锁母差保护。由于差动保护可以判断具体断线相和断线 TA 所属母线，如正常运行时Ⅰ母某支路 A 相断线，大差、Ⅰ母小差 A 相有差流，而 B、C 两相无差流，Ⅱ母小差 A、B、C 三相无电流，所以有些保护判断 TA 断线后按相按段闭锁装置。

联络断路器 TA 断线时，大差回路无电流，Ⅰ、Ⅱ母小差回路有差流，且Ⅰ、Ⅱ母小差回路差流之和为零。此时不闭锁母差保护，保护自动到互联。其逻辑框图如图 8-10 所示。图中，I_d、I_{d1}、I_{d2} 分别是大差、Ⅰ、Ⅱ母小差回路差流，I_n 是额定电流。

电流回路正常后，延时自动恢复正常运行。

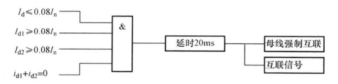

图 8-10　联络断路器 TA 断线逻辑框图

168

第三节　断路器失灵保护

所谓断路器失灵保护，是指当故障线路的继电保护动作发出跳闸脉冲后，断路器拒绝动作时，能够以较短的时限切除同一发电厂或变电站内其他有关的断路器，将故障部分隔离，并使停电范围限制为最小的一种近后备保护。在高压和超高压电网中，断路器失灵保护作为一种近后备保护方式得到普遍应用。

失灵保护判断断路器失灵原理是，被保护设备的保护动作，其出口继电器触点闭合，断路器仍在闭合状态，且仍有电流流过断路器，则可判为断路器失灵。

一、断路器失灵保护构成原则

失灵保护动作的概率极小，而动作后一般要同时跳开与故障相关的多组断路器，所以其误动带来的后果相当严重。因此，要求失灵保护具有高度的安全性和可靠性。

（1）失灵保护的接线和组屏可根据一次主接线的不同而定。对于单、双母线的接线方式，通常采用以母线为单元；对于一个半断路器接线和角形接线，则采用以断路器为单元。

（2）失灵保护由故障元件（线路或变压器等）的保护动触点启动，其启动方式可分为按相启动或三相启动两种。这是由于线路保护装置可以发分相跳闸令和三相跳闸令，而变压器保护装置只发三相跳闸令。

（3）判断断路器失灵应采用专用的相电流判别元件，其整定值应保证在本线路末端或本变压器低压侧单相接地故障时有足够灵敏度，并尽可能躲过正常运行负荷电流。发电机变压器组或变压器断路器失灵保护的判别元件应采用零序电流元件或负序电流元件。判别元件的动作时间和返回时间均不应大于 20ms。

（4）失灵保护延时元件的整定时限应大于断路器的跳闸时间与保护装置的返回时间之和，并有一定的裕度。失灵保护启动后，对于一个半断路器接线的失灵保护，经较短时限（约 0.13～0.15s）动作于跳本断路器三相，经较长时限（约 0.2～0.25s）跳开与拒动断路器相关联的所有断路器，包括经远方跳闸通道断开对侧的线路断路器。对于单、双母线的失灵保护，视系统保护配置的具体情况，可以较短时限（如 0.25～0.35s）动作于断开与拒动断路器相关的母联及分段断路器，再经一时限（约 0.5s）动作于断开与拒动断路器连接在同一母线上的所有支路的断路器；也可仅经一时限动作于断开与拒动断路器连接在同一母线上的所有支路的断路器；变压器断路器的失灵保护还应动作于断开变压器接有电源一侧的断路器。

（5）双母线的失灵保护应能自动适应连接元件运行位置的切换。

（6）为了防止失灵保护出口继电器误动而造成误跳断路器，应加有复合电压闭锁元件。但一个半断路器接线的失灵保护不装设闭锁元件。复合电压是三相电压过低、零序过电压、负序过电压，三者"或"关系，任一满足，开放保护。对数字式保护，闭锁元件的灵敏度宜按母线及线路的不同要求分别整定。双母线的复合电压闭锁元件有两套，分别开放两条母线跳闸回路。

负序电压、零序电压和低电压闭锁元件的整定值，应综合保证与本母线相连的任一线路末端和任一变压器低压侧发生短路故障时有足够灵敏度。其中负序电压、零序电压元件应可靠躲过正常情况下的不平衡电压，低电压元件应在母线最低运行电压下不动作，而在切除故障后能可靠返回。在变压器另一侧（两侧）短路时有足够灵敏度的要求往往很难满足。为此保护装置对变压器支路设置有"解除失灵保护电压闭锁"的开入端子。

（7）失灵保护动作跳开线路断路器的同时，应闭锁其重合闸。

169

二、失灵保护逻辑框图

1. 线路支路失灵启动逻辑

线路支路失灵启动逻辑如图 8-11 所示。图中 TA、TB、TC、TS 分别是从线路保护装置送来的跳 A、跳 B、跳 C 的三个分相跳闸触点和三相跳闸触点，$I_a >$、$I_b >$、$I_c >$ 是三相电流元件，$I_0 >$ 是零序电流元件，$I_2 >$ 是负序电流元件。

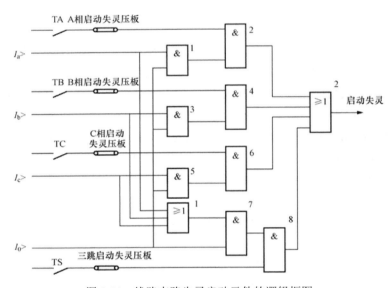

图 8-11　线路支路失灵启动元件的逻辑框图

2. 变压器支路失灵启动逻辑

因在变压器中、低压侧短路，高压侧断路器失灵时，高压侧母线的电压闭锁灵敏度有可能不够，可选择使用解除失灵保护电压闭锁功能，其逻辑如图 8-12 所示。图 8-12（a）是用变压器保护各侧复合电压闭锁元件解除失灵保护电压闭锁；图 8-12（b）是失灵与母差组屏，采用主变压器保护跳闸触点与母差保护内部电流判据同时动作解除失灵保护电压闭锁；图 8-12（c）是采用电流判据、主变压器保护跳闸触点、断路器合闸位置构成"与"的方式解除失灵保护电压闭锁。图中，KCO 是保护出口继电器，KCC 断路器合闸位置继电器。变压器失灵启动逻辑如图 8-13 所示。解除闭锁所用的保护跳闸继电器与启动失灵的保护跳闸继电器应不是同一个继电器。采用失灵保护单独组屏时，主变压器支路跳闸时，一组失灵启动触点用于启动失灵保护，另一组失灵启动触点经隔离开关辅助触点接至投相应母线的解除电压闭锁开入，此时该母线的失灵保护不经电压闭锁。

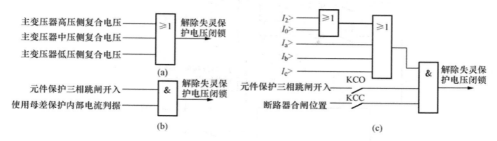

图 8-12　变压器支路解除失灵电压闭锁逻辑框图
（a）用变压器各侧复合电压闭锁元件解除失灵电压闭锁；
（b）用主变压器保护跳闸触点与母差保护内部电流判据同时动作解除失灵电压闭锁；
（c）用电流判据、主变压器保护跳闸触点、断路器合闸位置构成"与"方式解除失灵电压闭锁

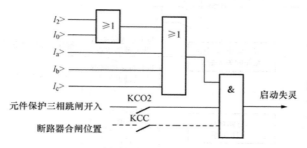

图 8-13　变压器支路失灵启动元件的逻辑框图

3. 失灵保护单独组屏

失灵保护可采用单独组屏方式，也可与母差保护组屏。失灵保护单独组屏时与元件的失灵启动装置配合，当母线所连接的某个元件断路器失灵时，该元件的失灵启动装置的失灵启动触点与电压切换触点串联提供给本失灵公用装置，其接线如图 8-14 所示。母联（分段）支路无电压切换触点。失灵公用装置检测到此触点动作时，经过失灵保护电压闭锁，经跳母联时限跳开该母线上连接的母联和分段开关，经跳母线时限切除该条母线，其动作逻辑如图 8-15 所示。在双母线单元倒闸操作过程中，由于同一单元与Ⅰ、Ⅱ母线的隔离开关辅助接地同时合上，双母线处于"互联"状态，如果此时发生断路器失灵，保护将同时启动两条母线的失灵保护，两条母线上的所有断路器全部跳闸。

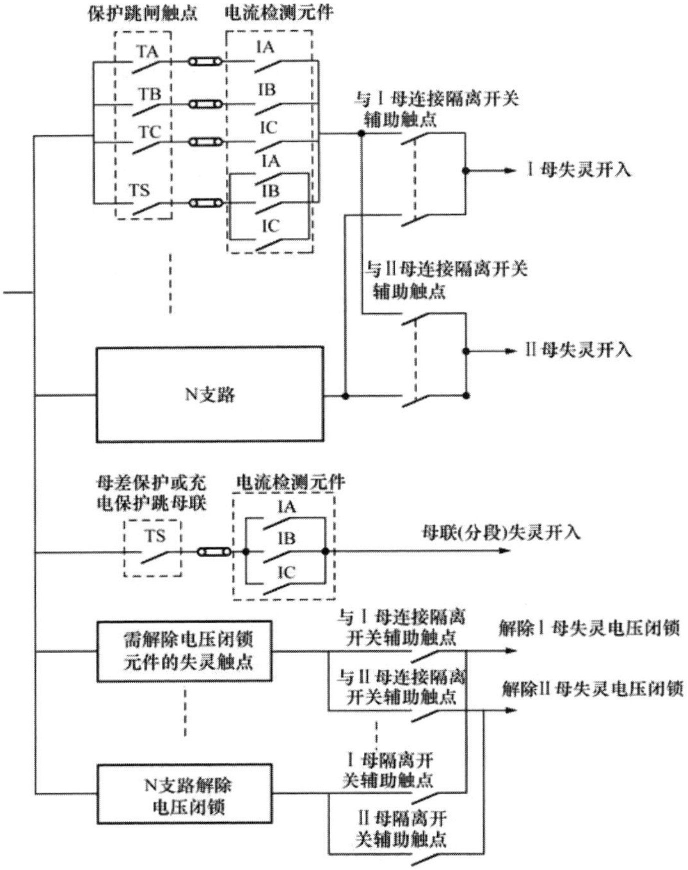

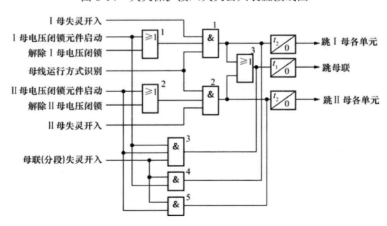

图 8-14 失灵保护接入失灵公共装置接线图

图 8-15 双母线接线断路器失灵保护逻辑框图

4. 失灵保护与母差保护配合

（1）不使用母差保护自带电流检测元件方式。当母线所连的某断路器失灵时，由该线路或元件的失灵启动装置提供一个失灵启动触点给母差保护装置。装置检测到某一失灵启动触点闭合后，启动该断路器所连的母线段失灵出口逻辑，经失灵复合电压闭锁，按可整定的"失灵出口延时 1"跳开联络开关，"失灵出口延时 2"跳开该母线连接的所有断路器。失灵启动逻辑框图如图 8-16 所示。

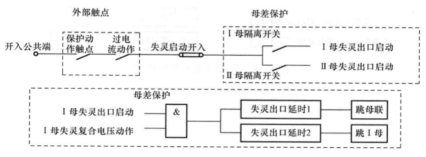

图 8-16　失灵启动逻辑框图

若有外部母联保护装置动作于母联断路器失灵，由该母联保护的失灵启动装置提供一个失灵启动触点给母差保护装置。装置检测到外部母联失灵启动触点闭合后，启动母联断路器失灵出口逻辑，当母联电流大于母联失灵定值，经失灵复合电压闭锁，按可整定的"母联失灵延时"跳开Ⅰ母线或Ⅱ母线连接的所有断路器。母联外部失灵启动逻辑框图如图 8-17 所示。

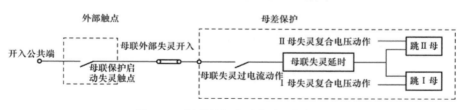

图 8-17　母联外部失灵启动逻辑框图

（2）使用母差保护自带电流检测元件方式。若没有失灵启动装置，母差保护装置本身可以实现检测断路器失灵的过电流元件。将元件保护的保护跳闸触点引入装置。分相跳闸触点则分相检测电流，三相跳闸触点则检测三相电流。对于 220kV 系统，母差装置需引入线路保护的三跳触点和单跳触点，变压器保护的三跳触点。失灵过电流逻辑框图如图 8-18 所示。

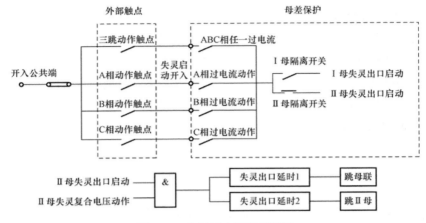

图 8-18　失灵过电流逻辑框图

第九章

电力电容器及高压电抗器的保护

第一节　电力电容器的保护

电力电容器分为串联电容器和并联电容器，串联电容器串接在线路中，并联电容器并接在系统的母线上，它们都可以改善电力系统的电压质量和提高输电线路的输电能力，是电力系统重要的补偿设备。并联电容器的接线分为三角形接线和星形接线，在相间短路容量小的变电站或配电线路上装设容量小于2000kvar 的电容器组，一般采用三角形接线；在 10～66kV 的中性点非直接接地和不接地系统，当电容器组容量在 2000kvar 及以上时，一般采用中性点不接地的单星形或双星形接线；在 110kV 系统一般为直接接地系统，当需在 110kV 侧直接补偿无功时，电容器组可接成中性点直接接地的星形接线。电容器组一般由许多单台小容量的电容器串并联组成，为了抑制高次谐波电流和合闸涌流，并且能够同时抑制开关熄弧后的重燃，一般在电容器组主回路中串联接入一只小电抗器。为了确保电容器停运后的人身安全，电容器组均装有放电装置，低压电容器一般通过放电电阻放电，高压电容器通常用电抗器或电压互感器作为放电装置。为了保证电力电容器安全运行，与其他电气设备一样，电力电容器也应装设适当的保护装置。

一、并联电容器故障及异常运行时的保护配置

1. 电容器组和断路器之间连接线短路

对电容器组和断路器之间连接线的短路，可装设带有短时限的电流速断和过电流保护，动作于跳闸。

2. 电容器内部故障及其引出线短路

对电容器内部故障及其引出线的短路，宜对每台电容器分别装设专用的保

护熔断器，熔丝的额定电流可为电容器额定电流的 1.5～2.0 倍。

3．电容器组中，某一故障电容器切除后所引起剩余电容器的过电压。当电容器组中的故障电容器被切除到一定数量后，引起剩余电容器端电压超过110%额定电压时，保护应将整组电容器断开。为此，可采用下列保护之一：

（1）中性点不接地单星形接线电容器组，可装设中性点电压不平衡保护。

（2）中性点接地单星形接线电容器组，可装设中性点电流不平衡保护。

（3）中性点不接地双星形接线电容器组，可装设中性点间电流或电压不平衡保护。

（4）中性点接地双星形接线电容器组，可装设反应中性点回路电流差的不平衡保护。

（5）电压差动保护。

（6）单星形接线的电容器组，可采用开口三角电压保护。

选择电容器组的台数及其保护配置时，应考虑不平衡保护有足够的灵敏度，当切除部分故障电容器后，引起剩余电容器的过电压小于或等于额定电压的105%时，应发出信号；过电压超过额定电压的110%时，应动作于跳闸。

不平衡保护动作应带有短延时，防止电容器组合闸、断路器三相合闸不同步、外部故障等情况下误动作，延时可取 0.5s。

4．电容器组的单相接地故障

在不接地或小电流接地系统，发生单相接地故障时，可装设零序电流保护或小电流接地选线。可根据接地故障时零序电流的大小动作于信号或跳闸。安装在绝缘支架上的电容器组，可不再装设单相接地保护。

5．电容器组过电压

并联容器组应在额定电压下运行，其运行电压一般不宜超过额定电压的1.05 倍，最高运行电压不应超过额定电压的 1.1 倍。因此，当系统母线稳态电压升高时，为保护电容器组不被损坏，应装设母线过电压保护，且延时动作于信号或跳闸，动作时间应在 1min 以内。

6．所连接的母线失压

当系统故障线路断路器断开引起电容器组失去电源，之后线路重合闸重合又使母线带电，电容器端子上残压又没有放电到 0.1 倍的额定电压时，可能使电容器组承受长期允许的 1.1 倍额定电压的合闸过电压而使电容器组损坏，因而应装设失压保护，带时限切除所有接在母线上的电容器，保护的动作时间应与本侧出线后备保护时间配合。为了防止 TV 断线保护误动，保护需经电流闭锁。保护逻辑回路如图 9-1 所示。

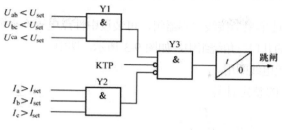

图 9-1　低电压保护逻辑图

7. 电容器组过负荷故障

电容器过负荷是由系统过电压及高次谐波所引起，按照国际规定，电容器应能在有效值为 1.4 倍额定电流下长期运行，对于电容量具有最大正偏差的电容器，过电流值允许达到 1.43 倍额定电流。由于按规定电容器组必须装设反应母线电压稳态升高的过电压保护，又由于大容量电容器组一般需装设抑制高次谐波的串联电抗器，因此可以不装设过负荷保护。仅当该系统高次谐波含量较高，或电容器组投运后经实测在其回路中的电流超过允许值时，才装置过负荷保护。保护带延时动作于信号。为了与电容器的过载特性相配合，宜采用反时限特性的继电器。

二、电容器组与断路器之间连线短路故障的电流保护

电容器组与断路器之间连线短路故障，可装设带有短时限的电流速断和过电流保护，动作于跳闸。速断保护的动作电流，按最小运行方式下，电容器端部引线发生两相短路时有足够灵敏系数整定，保护的动作时限应防止在出现电容器充涌流时误动作，一般为 0.1～0.2s。过电流保护的动作电流，按电容器组长期允许的最大工作电流整定，动作时间一般为 0.3～1s。电流的取得可以是两相，也可以是三相。保护动作逻辑如图 9-2 所示。

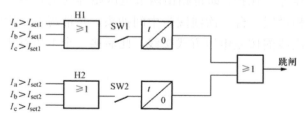

图 9-2　电力电容器过电流保护逻辑

三、中性点电压不平衡保护（零序电压保护）

中性点不接地单星形接线电容器组，可装设中性点电压不平衡保护。保护装置接在电压互感器的开口三角绕组中，如图 9-3 所示。图中电压互感器兼作放电线圈用。

不平衡电压的整定计算

$$U_{\text{set}} = \frac{U_{\text{ch}}}{K_{\text{TV}} K_{\text{S}}}$$

对有专用单台熔断器保护的电容器组

$$U_{\text{ch}} = \frac{3K}{3N(M-K)+2K} U_{\text{NPH}}$$

对未设置专用单台熔断器保护的电容器组

$$U_{\text{ch}} = \frac{3\beta}{3N[M(1-\beta)+\beta]-2\beta} U_{\text{NPH}}$$

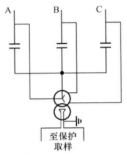

图 9-3　电力电容器中性点电压不平衡保护接线

上三式中：U_{set} 为动作电压（V）；K_{TV} 为电压互感器变比；K_{S} 为灵敏系数，取 1.25～1.5；U_{ch} 为差电压（V）；K 为因故障而切除的电容器台数；β 为任意一台电容器击穿元件的百分数；M 为每相各串联段电容器并联台数；N 为每相电容器的串联段数；U_{NPH} 为电容器组的额定相电压。

由于三相电容器的不平衡及电网电压的不对称，正常时存在不平衡电压，故整定的动作电压要不大于 1.3～1.5 倍的不平衡电压。动作时间一般整定为 0.1～0.2s。

四、电压差动保护

电容器组为单星形接线，但每组为两相电容器串联组成时，常用电压差动保护，其接线及动作逻辑如图 9-4 所示。

所谓相电压差动保护，即每相由两节电压相等的电容器串联后所组成的电容器组，每相设置一台一次线圈带中间抽头，并带两个二次线圈的专用放电线圈，其二次线圈按差电压方式接线，此后接一个电压继电器，构成相电压差动保护。

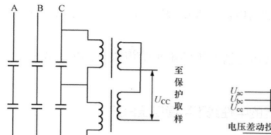
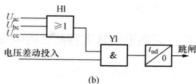

图 9-4 电容器组电压差动保护

（a）压差接线，只画出 C 相，其他两相相同；（b）电压差动保护动作逻辑图

电压差动保护的整定计算

$$\Delta U_{\mathrm{set}} = \frac{\Delta U_{\mathrm{c}}}{K_{\mathrm{TV}} K_{\mathrm{S}}}$$

对有专用单台熔断器保护的电容器组

$$\Delta U_{\mathrm{c}} = \frac{3K}{3N(M-K)+2K} U_{\mathrm{NPH}}$$

对未设置专用单台熔断器保护的电容器组

$$\Delta U_{\mathrm{c}} = \frac{3\beta}{3N[M(1-\beta)+\beta]-2\beta} U_{\mathrm{NPH}}$$

上三式中：ΔU_{c} 为故障相的故障段与非故障段的压差（V）。

保护动作时间一般整定为 0.1～0.2s。

五、双星形接线电容器组的中性线不平衡电流保护

保护接线如图 9-5 所示。

不平衡电流整定计算

$$I_{\mathrm{set}} = \frac{1}{K_{\mathrm{TA}} K_{\mathrm{S}}} I_0$$

对有专用单台熔断器保护的电容器组

$$I_0 = \frac{3MK}{6N(M-K)+5K} I_{\mathrm{ND}}$$

对未设置专用单台熔断器保护的电容器组

$$I_0 = \frac{3M\beta}{6N[M(1-\beta)+\beta]-5\beta} I_{\mathrm{ND}}$$

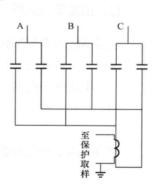

图 9-5 电容器组不平衡电压保护接线图

上三式中：I_0 为中性点间流过的电流（A）；K_{TA} 为电流互感器变比；I_{ND} 为每台电容器额定电流（A）。

保护动作电流应躲过正常运行情况下的不平衡电流。保护动作时间一般整定为 0.1～0.2s。

六、双星形接线电容器组的中性线不平衡电压保护

保护接线如图 9-6 所示。

不平衡电压整定计算

$$U_{set} = \frac{1}{K_{TV}K_S}U_0$$

对有专用单台熔断器保护的电容器组

$$U_0 = \frac{K}{3N(M_b - K) + 2K}U_{NPH}$$

对未设置专用单台熔断器保护的电容器组

$$I_0 = \frac{\beta}{3N[M_b(1-\beta)+\beta] - 2\beta}U_{NPH}$$

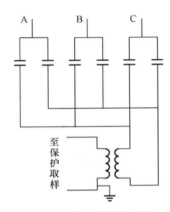

图 9-6 电容器组不平衡
电压保护接线图

上三式中：U_0 为中性点不平衡电压（V）；K_{TV} 为电压互感器变比；M_b 为双星形接线每臂各串联段的电容器并联台数。

保护动作电流应躲过正常运行情况下的不平衡电压。保护动作时间一般整定为 0.1～0.2s。

七、桥差电流保护

电容器组为单星形接线，而每相可以接成四个平衡臂的桥路，常用电桥式电流保护，其接线及动作逻辑如图 9-7 所示。

桥差电流保护的整定计算

$$I_{set} = \frac{\Delta I}{K_{TA}K_S}I_0$$

对有专用单台熔断器保护的电容器组

$$\Delta I = \frac{3MK}{3N(M - 2K) + 8K}I_{ND}$$

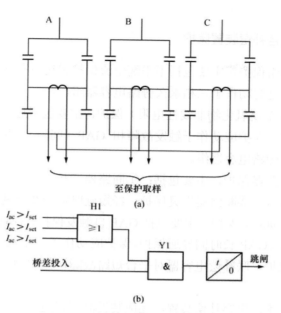

图 9-7 电容器组桥差保护
（a）桥差接线；（b）桥差保护动作逻辑

对未设置专用单台熔断器保护的电容器组

$$\Delta I = \frac{3M\beta}{3N\left[M(1-\beta)+2\beta\right]-8\beta}I_{ND}$$

上三式中：I_{set} 为动作电流（A）；ΔI 为故障切换部分电容器后，桥路中通过的电流（A）；I_{ND} 为每台电容器额定电流（A）。

八、三角形接线的电容器组零序电流保护

电容器为三角形接线时，通常只在小容量的电容器组中采用零序电流保护，其接线见图 9-8。

至保护取样

图 9-8 零序电流保护接线

九、串联电容补偿装置保护

（1）电容器组保护，主要包括不平衡电流保护、过负荷保护。保护应延时告警、经或不经延时动作于三相永久旁路电容器组。

（2）MOV（金属氧化物非线性电阻）保护，主要包括过温度保护、过电流保护、能量保护。保护应动作于触发故障相 GAP（间隙），并根据故障情况，单相或三相暂时旁路电容器组。

（3）旁路断路器保护，主要包括：①断路器三相不一致保护，经延时三相永久旁路电容器组；②断路器失灵保护，经短延时跳开线路两侧断路器。

（4）GAP（间隙）保护，主要包括 GAP 自触发保护、GAP 延时触发保护、GAP 拒触发保护、GAP 长时间导通保护。保护应动作于三相永久旁路电容器组。

（5）平台保护，联补偿电容器对平台短路故障，保护动作于三相永久旁路电容器组。

（6）对可控串联电容补偿装置，还应装设晶闸管回路过负荷保护、可控阀及相控电抗器故障保护、晶闸管触发回路和冷却系统故障保护。保护动作于三相永久旁路电容器组。

第二节　电力电抗器的保护

在电力系统中，常用的并联电抗器有两类。一类为 330kV 及以上电压的超高压并联电抗器。超高压并联电抗器多安装在高压配电装置的线路侧，其主要功能为抵消超高压线路的电容效应，降低工频静态电压升高，限制各种短时过电压。还可安装在中性点作为接地电抗器，可补偿线路相间及相对地耦合电流，加速潜供电弧熄灭，有利于单相快速重合闸的动作成功。另一类为 35kV 及以下电压的低压并联电抗器。低压并联电抗器多装于发电厂和变电站内，作为调相调压及无功平衡用。它们也常与并联电抗器组配合，组成各种并联静态补偿装置。

一、并联电抗器故障及异常运行时的保护配置

油浸式并联电抗器应装设瓦斯保护，当电抗器油箱内部产生大量瓦斯时，瓦斯保护应动作于跳闸；当产生轻微瓦斯或油面下降时，瓦斯保护应动作于信号。

对于并联电抗器油温度升高和冷却系统故障，应装设动作于信号或带时限动作于跳闸的保护装置。

接于并联电抗器中性点的接地电抗器，应装设瓦斯保护。当产生大量瓦斯时，保护应动作于跳闸；当产生轻微瓦斯或油面下降时，保护应动作于信号。对三相不对称等原因引起的接地电抗器过负荷，宜装设过负荷保护，保护带时限动作于信号，延时时间应可靠躲过线路非全相运行时间。

66kV 及以下油浸式并联电抗器，应装设电流速断保护，作为并联电抗器内部及其引出线的相间和单相接地短路故障主保护，保护瞬时动作于跳闸。还应装设过电流保护，作为速断保护的后备保护，保护整定值按躲过最大负荷电流整定，保护带时限动作于跳闸。

66kV 及以下干式并联电抗器应装设电流速断保护作为电抗器绕组及引线相间短路的主保护；过电流保护作为相间短路的后备保护；零序过电压保护作为单相接地保护，动作于信号。

220～500kV 并联电抗器，除装有瓦斯保护、反应电抗器油温升高和冷却系统故障的非电量保护外，还应装设下列电量保护。

（1）高压电抗器主保护。

1）分相差动保护，包括比率制动差动保护和差动速断保护，作为并联电抗器内部及其引出线的相间和单相接地短路故障主保护，保护瞬时动作于跳闸。

比率制动差动保护最小动作电流定值，应按可靠躲过电抗器额定负载时的最大不平衡电流整定，一般取（0.2～0.5）I_N，并应实测差回路中的不平衡电流，必要时可适当放大。起始制动电流宜取（0.5～1.0）I_N。

差动速断保护定值应可靠躲过线路非同期合闸产生的最大不平衡电流，一般取 3～6 倍电抗器额定电流。

2）零序差动保护，包括零序比率制动差动保护和零序差动速断保护，能灵敏反映电抗器内部接地故障。

3）匝间保护，能灵敏反映电抗器内部匝间故障。

为防止电抗器正常运行时，由于某组电流互感器二次回路断线可能导致分相差动、零序差动、匝间保护误动，应设置 TA 断线闭锁功能。

（2）高压电抗器后备保护。

1）过电流保护，采用首端电流，反映电抗器内部相间故障。定时限过流保护应躲过暂态过程中电抗器可能产生的过电流，其电流定值可按电抗器额定电流的 1.5 倍整定；瞬时段的过流保护应躲过电抗器投入时产生的励磁涌流，一般可取 4~8 倍电抗器额定电流。反时限过电流保护上限设最小延时定值，便于与快速保护配合，保护下限最小动作电流定值，按与定时限过负荷保护配合的条件整定。

2）零序过电流保护，采用首端电流，反映电抗器内部接地故障。保护动作电流按躲过正常运行中出现的零序电流来整定，也可近似按电抗器中性点连接的接地电抗器的额定电流整定，其时限一般与线路接地保护后备段相结合。

3）过负荷保护，反映电压升高导致的电抗器过负荷，延时作用于信号。

330~500kV 线路并联电抗器的保护在无专用断路器时，其动作除断开线路的本侧断路器外还应起动远方跳闸装置，断开线路对侧断路器。

二、分相比率差动保护

分相比率差动保护接线如图 9-9 所示，各侧电流的方向以指向电抗器为正方向。

差动电流 $I_d = \left| \dot{I}_n + \dot{I}_t \right|$ ，制动电流 $I_r = \left| \dot{I}_t - \dot{I}_n \right| / 2$ 。

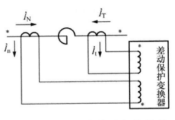

图 9-9　分相比率差动保护接线

保护动作方程

$$\begin{cases} I_d \geqslant I_{op.min} & I_r \leqslant I_{r.0} \\ I_d \geqslant I_{op.min} + K_r(I_r - I_{r.0}) & I_r > I_{r.0} \end{cases}$$

式中：$I_{op.min}$ 为差动最小动作电流；$I_{r.0}$ 为最小制动电流；K_r 为比率制动系数；$\dot{I}_n$、$\dot{I}_t$ 为电抗器两侧电流互感器二次侧电流。保护动作逻辑如图 9-10 所示。

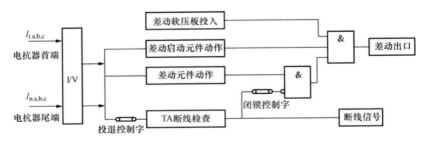

图 9-10　分相比率差动保护动作逻辑

三、零序比率差动保护

微机保护中，各侧零序电流可通过装置自产得到，这样可以避免各侧零序 TA 极性校验问题。

零序差动电流 $I_{0d} = \left| (\dot{I}_{n.a} + \dot{I}_{n.b} + \dot{I}_{n.c}) + (\dot{I}_{t.a} + \dot{I}_{t.b} + \dot{I}_{t.c}) \right| = \left| 3\dot{I}_{0n} + 3\dot{I}_{0t} \right|$

零序制动电流 $I_{0r} = \max \left| (\dot{I}_{t.a}, \dot{I}_{t.b}, \dot{I}_{t.c}) \right|$

保护动作方程

$$\begin{cases} I_{0d} > I_{0op.min} & I_{0r} \leqslant I_{0r.0} \\ I_{0d} \geqslant I_{0.op.min} + K_{0r}(I_{0r} - I_{0r.0}) & I_{0r} > I_{0r.0} \end{cases}$$

式中：$I_{0op.min}$ 为零序差动最小动作电流；$I_{0r.0}$ 为零序差动最小制动电流；K_{0r} 为零序差动比率制动系数；$\dot{I}_{n.a}$、$\dot{I}_{n.b}$、$\dot{I}_{n.c}$、$\dot{I}_{t.a}$、$\dot{I}_{t.b}$、$\dot{I}_{t.c}$ 分别为电抗器两侧电流互感器二次侧电流。保护动作逻辑如图 9-11 所示。

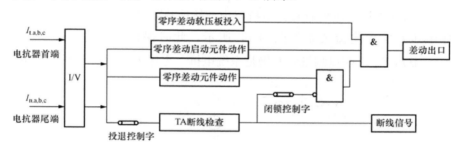

图 9-11　零序比率差动保护动作逻辑

四、高压电抗器匝间保护

电抗器的匝间短路是一种比较多见的内部故障形式，当短路匝数很少时，一相匝间短路引起的三相电流不平衡，有可能很小，很难被继电保护装置检出；且不管短路匝间范围多大，差动保护总是不反应匝间短路故障。为此，对于高压并联电抗器必须考虑其他高灵敏度且可靠安全的匝间短路保护。

（一）零序功率方向保护

图 9-12 示出了电抗器匝间短路、区内、区外故障情况，图中 K1 为电抗器匝间短路；K2 为电抗器内部接地故障；K3 为电抗器外部接地故障；jX_{S0} 为系统电抗。

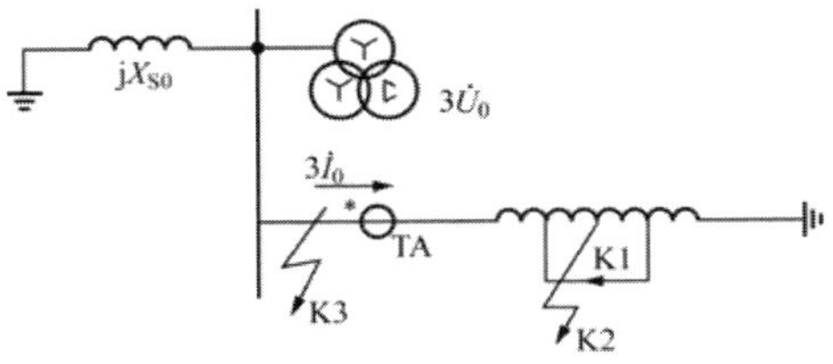

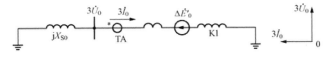

图 9-12　电抗器区内、区外故障示意图

（1）电抗器匝间短路 K1。电抗器内部匝间短路时，零序源在电抗器内部，电抗器向系统送出零序功率。如图 9-13 所示。此时保护检测到的母线零序电压 $3\dot{U}_0 = -\mathrm{j}3\dot{I}_0 X_{S0}$，端口测量到的是系统电抗，零序电流超前零序电压 $90°$。

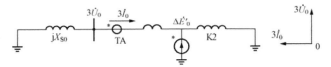

图 9-13　电抗器匝间短路故障时 $3\dot{U}_0$ 和 $3\dot{I}_0$

（2）内部单相接地故障 K2。电抗器内部接地故障时，零序源在电抗器内部，零序电压及零序电流关系如图 9-14 所示。此时保护检测的母线零序电压 $3\dot{U}_0 = -\mathrm{j}3\dot{I}_0 X_{S0}$，端口测量到的仍是系统电抗，零序电流超前零序电压 $90°$。

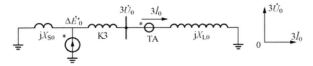

图 9-14　电抗器内部接地故障时 $3\dot{U}_0$ 和 $3\dot{I}_0$

（3）外部单相接地故障 K3。电抗器外部接地故障时，零序源在电抗器外部，零序电压及零序电流关系如图 9-15 所示。此时保护检测的母线零序电压 $3\dot{U}_0 = \mathrm{j}3\dot{I}_0 X_{L0}$，端口测量到的是电抗器的零序电抗，零序电压超前零序电流 $90°$。

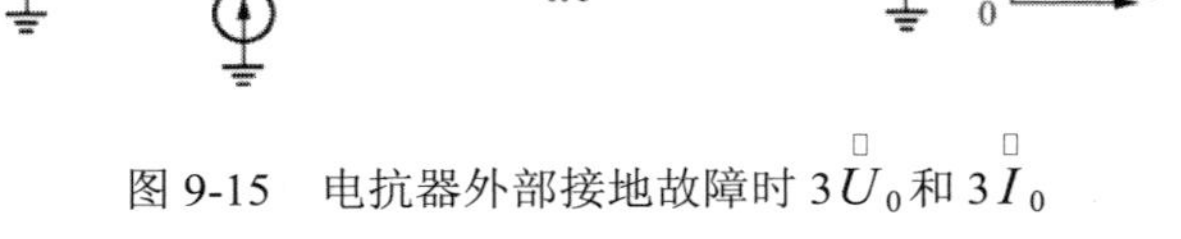

图 9-15　电抗器外部接地故障时 $3\dot{U}_0$ 和 $3\dot{I}_0$

由以上分析知：故障时，可由系统零序回路零序源所在位置来判定故障在

电抗器内部还是外部，通过判断母线零序电压和电抗器支路流过的零序电流的方向可判断电抗器是内部故障还是外部短路。但是因为系统零序电抗比电抗器零序电抗要小得多，当电抗器内部匝间短路的匝数很少时，相对而言 $3\dot{U}_0$ 模值很小，$3\dot{I}_0$ 模值较大，零序功率方向可能存在死区。为了解决这一问题，增加一补偿电抗 $jX_{0.\text{com}}$，保护计算用 $3\dot{U}'_0 = 3\dot{U}_0 - j3\dot{I}_0 X_{0.\text{com}}$。保护动作逻辑见图 9-16。

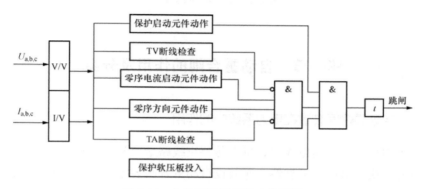

图 9-16　电抗器匝间保护动作逻辑

零序方向保护应延时动作于跳闸，延时时间一般 0.2～0.5s，以躲过：①外部故障暂态过程中零序不平衡电气量的作用；②邻近大容量变压器合闸等系统操作引起的低频或高频电气量扰动，以及线路分布电容与电抗器可能产生的某种频率的谐振；③输电线路三相切、合不同步，短时产生零序电压和电流。

保护在判定 TA、TV 断线时都闭锁匝间保护。

（二）零序阻抗

利用故障时电抗器零序阻抗测量数值上的较大差异可以区分电抗器的匝间短路、内部接地短路和电抗器外部接地短路。

第十章

线路自动重合闸

第一节　自动重合闸的作用及分类

一、自动重合闸装置在电力系统中的作用

在电力系统中，输电线路、特别是架空线路最容易发生故障，因此必须设法提高输电线路供电的可靠性。而装设自动重合闸装置正是提高输电线路供电可靠性的有力措施。

输电线路的故障按其性质可分为瞬时性故障和永久性故障两种。瞬时性故障主要是由雷电引起的绝缘子表面闪络、线路对树枝放电、大风引起的短时碰线、通过鸟类身体的放电等原因引起的短路。这类故障由继电保护动作断开电源后，故障点的电弧自行熄灭，绝缘强度重新恢复，故障自行消除。此时，若重新合上线路断路器，就能恢复正常供电。而永久性故障，如倒杆、断线、绝缘子击穿或损坏等，在故障线路电源被断开之后，故障点的绝缘强度不能恢复，故障仍然存在，即使重新合上断路器，也要被继电保护装置再次断开。运行经验表明，输电线路的故障大多是瞬时性故障，约占总故障次数的80%～90%以上。因此，若线路因故障被断开之后再进行一次合闸，其成功恢复供电的可能性是相当大的。而自动重合闸就是将被切除的线路断路器重新自动投入的一种自动装置。

采用自动重合闸后，如果线路发生瞬时性故障时，保护动作切除故障后，重合闸动作，能够恢复线路的供电；如果线路发生永久性故障时，重合闸动作后，继电保护再次动作，使断路器跳闸，重合不成功。根据多年运行资料统计，输电线路自动重合闸的动作成功率一般可达60%～90%。可见，采用自动重合闸装置来提高供电可靠性的效果是很明显的。

输电线路上采用自动重合闸装置的作用可归纳如下：

（1）提高输电线路供电可靠性，减少因瞬时性故障停电造成的损失。

（2）对于双端供电的高压输电线路，可提高系统并列运行的稳定性，从而提高线路的输送容量。

（3）可以纠正由于断路器本身机构不良或继电保护误动作而引起的误跳闸。

由于自动重合闸带来的效益可观，而且本身结构简单，工作可靠，因此，在电力系统中得到了广泛的应用。但是，采用自动重合闸后，对系统也会带来不利影响，当重合于永久性故障时，系统会再次受到短路电流的冲击，可能引起系统振荡。同时，断路器要在短时间内连续两次切断短路电流，从而使断路器的工作条件恶化。因此，自动重合闸的使用受系统和设备条件的制约。

二、对自动重合闸的基本要求

（1）自动重合闸动作应迅速。为了尽量减少对用户停电造成的损失，要求自动重合闸动作时间越短越好。但自动重合闸动作时间必须考虑保护装置的复归、故障点去游离后绝缘强度的恢复、断路器操动机构的复归及其准备好再次合闸的时间。

（2）手动跳闸时不应重合。当运行人员手动操作控制开关或通过遥控装置使断路器跳闸时，属于正常运行操作，自动重合闸不应动作。

（3）手动合闸于故障线路时，继电保护动作使断路器跳闸后，不应重合。因为在手动合闸前，线路上还没有电压，如果合闸到已存在故障的线路，则多为永久性故障，即使重合也不会成功。

（4）自动重合闸宜采用控制开关位置与断路器位置不对应的原理启动，即当控制开关在合闸位置而断路器实际上处在断开位置的情况下启动重合闸。这样，可以保证无论什么原因使断路器跳闸以后，都可以进行自动重合闸。当由保护启动时，分相跳闸继电器相应的动合触点闭合，启动重合闸启动继电器，通过重合闸启动继电器的动合触点启动自动重合闸。

（5）只允许自动重合闸动作一次。在任何情况下（包括装置本身的元件损坏以及继电器触点粘住或拒动），均不应使断路器重合多次。因为，当自动重合闸多次重合于永久性故障时，系统会遭受多次冲击，断路器可能损坏，并扩大事故。

（6）自动重合闸动作后，应自动复归，准备好再次动作。这对于雷击机会较多的线路是非常必要的。

（7）自动重合闸应能在重合闸动作后或重合闸动作前，加速继电保护的动作。自动重合闸与继电保护相互配合，可加速切除故障。自动重合闸还应具有手动合于故障线路时加速继电保护动作的功能。

（8）自动重合闸自动闭锁。当断路器处于不正常状态（如气压或液压降低）不能实现自动重合闸时，或某些保护动作不允许自动合闸时，应将自动重合闸闭锁。

三、自动重合闸的分类

自动重合闸的类型很多，根据不同特征，通常可分为如下几类：

（1）按作用于断路器的方式，可以分为三相自动重合闸、单相自动重合闸和综合自动重合闸三种。

1）三相自动重合闸方式，线路上发生任何故障，线路保护动作三相跳闸，经重合闸整定时间后，重合三相，如果重合成功线路继续运行，如果重合在永久性故障点，保护动作再跳开三相。

2）单相自动重合闸，线路发生单相接地故障时跳开故障相，延时重合单相，如果重合成功，线路继续运行，如果重合于永久性故障，保护再次动作跳开三相；线路上发生相间故障，保护动作三相跳闸不再重合。现在单相自动重合闸已涵盖在综合自动重合闸中。

3）综合自动重合闸，综合了三相重自动合闸和单相自动重合闸。一般综合自动重合闸装置重合闸有四种方式，分别是单重、三重、综重、停用，通过装置转换开关，或软件控制字可选其中一种。选择单重方式同上述单相重合闸；选择三重方式同上述三相重合闸；选择综重方式，线路发生单相故障单相跳闸重合单相，重合不成功跳三相，发生相间故障跳三相，重合三相，重合不成功跳三相；在停用方式时，任何故障，保护动作三相跳闸不再重合。

使用单相重合闸和综合重合闸要求断路器能进行分相操作，同时保护装置能选相跳闸。在模拟式保护中，保护装置不设置选相功能，选相功能设置在重合闸装置中，保护通过重合闸选相后进行分相跳闸。在数字式保护中，保护具有选相功能，不再通过重合闸进行分相跳闸。

（2）按适用的线路结构可分为单侧电源线路自动重合闸、双侧电源线路自动重合闸。双侧电源线路的重合闸分为两类：①不检查同步的重合闸，包括非同步重合闸、快速重合闸、解列重合闸、自同步重合闸；②检查同步的重合闸，包括检无压、检同步、检平行线电流重合闸。

1）快速重合闸方式。它是提高系统并列运行稳定性和供电可靠性的有效措施，采用此种重合闸方式，要求线路两侧具有快速动作的断路器，并要求线路两侧装有保护整条线路的快速保护（如纵联差动保护），以保证从短路开始到重新合上的整个间隔在 0.5～0.6s。在这样短的时间内，两侧电源电动势角摆开不大，系统还不可能失步，即使两侧电源的电动势角摆得较大，由于重合的周期很短，断路器重合后，系统也会很快拉入同步。由于不检查同期，在进行重合闸时，要校验两侧断路器合闸瞬间时出现的冲击电流，其值不能超过电力系统各元件的运行电流值。

2）解列重合闸。如图 10-1 所示，线路发生故障，QF1 跳开，QF3 跳开，实现小电源和系统解列，两侧的断路器跳开后，系统侧重合闸检线路无压 QF1 合闸，恢复非重要负荷的供电，然后再在解列点同步并列。选择解列点要注意使小电源容量与所带负荷尽量接近平衡。

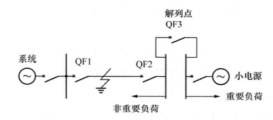

图 10-1　单回线上采用解列重合闸的示意图

3）自同步重合闸，在水电厂里，如果条件许可时可采用。如图 10-2 所示，在线路上发生故障时，系统侧的保护跳开线路断路器，水电厂的保护动作跳开水电，发电机的断路器和灭磁开关，但不跳开线路断路器；然后系统侧的重合闸检查线路无压后重合，水轮发电机侧以自同步方式与系统并列。

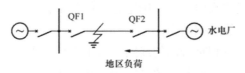

图 10-2　在水电厂使用自同步重合闸的示意图

第二节　三相一次自动重合闸、综合自动重合闸装置原理及程序逻辑

在 110kV 及以下电压等级的输电线路一般采用三相重合闸方式；在 220kV 及以上电压等级的输电线路上除了三相重合闸方式外，还采用单相重合闸、综合重合闸方式。

110kV 及以下单侧电源线路的自动重合闸装置，按下列规定装设：

（1）采用三相一次重合闸方式。

（2）当断路器断流容量允许时，下列线路可采用两次重合闸方式：

1）无经常值班人员变电所引出的无遥控的单回线。

2）给重要负荷供电，且无备用电源的单回线。

（3）由几段串联线路构成的电力网，为了补救速动保护无选择性动作，可采用带前加速的重合闸或顺序重合闸方式。

110kV 及以下双侧电源线路的自动重合闸装置，按下列规定装设：

（1）并列运行的发电厂或电力系统之间，具有四条以上联系的线路或三条紧密联系的线路，可采用不检查同步的三相自动重合闸方式。

（2）并列运行的发电厂或电力系统之间，具有两条联系的线路或三条联系不紧密的线路，可采用同步检定和无电压检定的三相重合闸方式；

双侧电源的单回线路，可采用下列重合闸方式：

1）解列重合闸方式，即将一侧电源解列，另一侧装设线路无电压检定的重合闸方式。

2）当水电厂条件许可时，可采用自同步重合闸方式。

3）为避免非同步重合及两侧电源均重合于故障线路上，可采用一侧无电压检定，另一侧采用同步检定的重合闸方式。

为适应超高压电网发展及变化，在我国 220kV 及以上超过高压电网中，综合重合闸得到了广泛的应用。具体确定选用何种重合闸方式，依系统结构及实际运行条件而定，一般可归纳为：

（1）不允许使用三相重合闸的线路，可采用单相重合闸方式。例如 220kV 及以上电压单回联络线；双侧电源之间相互联系薄弱的线路（包括经低一级电压线路弱联系的电磁环网）；对大型汽轮发电机组的出线，当严重故障及三相重合闸可能对其主轴及叶片产生危险时。

（2）当系统发生单相接地故障时，如果使用三相重合闸不能保证系统稳定，或者使地区系统出现大面积停电，或者影响重要负荷供电的线路，可采用单相重合闸方式。

（3）由于高压断路器本身性能的限制，不允许使用三相重合闸时，应采用单相重合闸。

（4）对允许使用三相重合闸的线路，使用单相重合闸对系统或恢复供电有较好效果时，可采用综合重合闸方式。

一、三相一次重合闸装置原理及程序逻辑

重合闸逻辑主要由重合闸启动回路，重合闸时间元件，一次合闸脉冲及控制重合闸闭锁回路等构成。三相一次重合闸逻辑如图 10-3 所示。KTW 是跳闸位置继电器，KKK 是合后状态继电器，KKK 只有在手动合闸时动作，手动跳闸时返回，在自动合闸和跳闸时不动作。

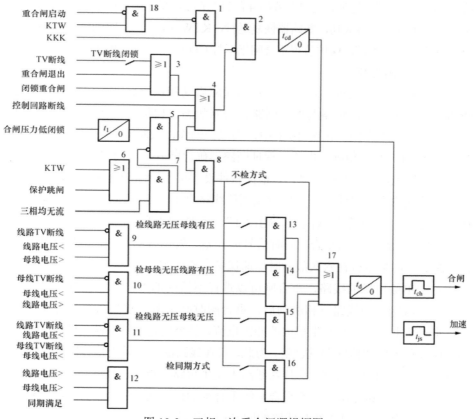

图 10-3 三相一次重合闸逻辑框图

1. 重合闸充电逻辑

模拟式重合闸装置是利用电容充电延时 15～20s 来构成一次合闸脉冲元件，来防止两次重合闸，在微机保护中是通过计数器延时 t_{cd}（15s）来实现。在图 10-3 中，断路器手动合闸 KKK=1，KTW=0，正常运行时，重合闸未启动，与门 1 输出"1"。如无闭锁信号，与门 2 输出"1"，经 t_{cd} 时间延时，重合闸充电标志位为"1"，保护装置重合闸指示灯 CD 点亮，允许断路器重合闸。

2. 闭锁重合闸逻辑

在手动合闸至故障线路或手动分闸及保护或自动装置要求不允许重合闸（如母线、变压器保护及低频减载动作）等情况下，闭锁重合闸输入"1"，重合闸退出、控制回路断线、软件设定 TV 断线，或门 3 输出"1"，合闸压力不足时，经 t_1 延时，如重合闸回路未启动，与门 5 输出"1"，闭锁重合闸；或门 4 输出"1"闭锁与门 2，重合闸放电，保护装置重合闸指示灯 CD 熄灭。不允许断路器重合。当重合闸动作，或门 17 输出"1"，延时 t_d 延时至或门 4 闭锁与门 2，重合闸放电，防止重合闸二次重合。如重合闸重合成功，断路器恢复运行，KTW=0，经 t_{cd} 时间延时，重合闸充电标志位再次为"1"，保护装置重合闸指示灯 CD 点亮，准备断路器再次重合。

3. 重合闸逻辑

重合闸启动有两种方式，即位置不对应启动和保护启动。位置不对应是指断路器在合闸位置，断路器控制回路在合闸状态。保护启动指保护装置发出跳闸令同时起动重合闸。在图 10-3 中，当保护动作，或断路器跳闸（或断路器偷跳）KTW=1，并三相确无电流，保证断路器确已断开，与门 7 输出"1"，同时重合闸充好电，与门 8 输出"1"，根据软件设置可不检同期直接重合，或检无压重合（检线路无压母线有压，检母线无压线路有压），或检同期重合（线路、母线都有电压）。满足条件或门 17 输出"1"，经重合闸延时至或门 4，闭锁重合闸充电，防止断路器二次重合，同时信号展开 t_{ch}，发出合闸脉冲，信号展开 t_{js}，给保护装置，如果重合在永久故障时加速保护动作跳闸。

对于单侧电源的线路，重合闸可以选择不检同期不检无压直接重合方式。

对于双侧电源线路三相跳闸后，重合闸时必须考虑双侧系统是否同期的问题，非同期重合闸将会产生很大的冲击电流，甚至引起系统振荡。目前应用最多的是检线路无压和检同期重合闸。为此，可在线路的一侧采用检线路无压而在另一侧采用检同期的重合闸。这样在线路上发生短路，两侧三相跳闸后，线路三相电压为零。检线路无压的一侧重合闸经重合闸动作时间后先合，另一侧检查到母线与线路均有电压，且母线与线路的同名相电压的相角差在整定值规定的允许范围，经三相重合闸动作时间后发出合闸令。使用这种检查条件是要给装置同时提供母线和线路电压，一般只需提供一相电压即可检查同期是否满足。

在双侧电源线路重合闸动作过程可以看出，检查线路无压侧总是先重合。因此该侧有可能重合闸在永久性故障线路上再次跳闸，所以该侧断路器有可能在短时间内需切除两次短路电流，工作条件相对恶劣。检查同期侧是在线路有压且满足同期条件才重合的，所以肯定重合在完好线路上，断路器工作条件相对好些。为了平衡两侧断路器负担，通常在每一侧重合闸都装设检同期检无压功能，定期倒换使用，使两侧断路器工作条件接近相同。但对发电厂送出线路，电厂侧通常定为检同期或停用重合闸。这是为了避免发电机受再次冲击。

在使用检查线路无电压方式的重合闸侧，当其断路器在正常运行情况下由于某种原因造成断路器误跳闸，即"偷跳"，此时，对侧并未动作，线路上仍有电压，因而检无压侧断路器就不能实现重合。为了能对"偷跳"用重合闸来纠正，通常都在检无压的一侧也同时投入检同期功能。但检同期一侧绝对不允许同时投入检无压，否则可能造成非同期合闸。

检线路无压和检同期是分别以电压值和允许角差在装置中整定的。

二、综合自动重合闸装置原理及程序逻辑

综合自动重合闸逻辑见图 10-4。

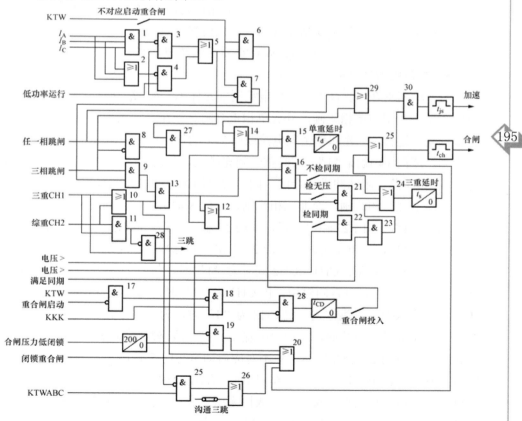

图 10-4　综合自动重合闸逻辑框图

重合闸的方式由切换开关触点 CH1、CH2 决定，CH1 为三重，CH2 为综重，其功能表见表 10-1。

表 10-1 切换开关触点含义

切换开关触点	单重	三重	综重	停用
CH1	0	1	0	1
CH2	0	0	1	1

1. 重合闸充电逻辑

重合充电与图 10-3 相同，在重合闸未启动，KKK=1，KTW=0 延时 t_{CD} 时间后，重合闸充满电。

2. 闭锁重合闸逻辑

综合自动重合闸闭锁重合闸回路同三相一次重合闸，另加有投入沟通三跳压板时，应闭锁重合闸，在单重方式时，三相跳闸后（KTWABC）闭锁重合闸。此时保护装置上重合闸 CD 指示灯熄灭。任何情况重合闸不会动作。在三重方式和综重三跳方式时，应闭锁 KTWABC 重合闸放电回路。

3. 重合闸动作逻辑

（1）单相重合闸。首先由三相电流判别元件 I_A、I_B、I_C 判断是否单相运行，与门 3 动作表明为单相跳闸，开放单相重合闸。当在正常运行时检查轻负荷运行即低功率运行，三相即使全无电流或门 2 不动作，与门 4 输出"1"开放单相重合闸。或门 14 输出"1"，同时重合闸充满电，与门 15 输出"1"，经单重延时至或门 25 发合闸脉冲进行合闸，同时发出加速脉冲供其他保护装置。

断路器任一相跳闸，而非三相跳闸，与门 8 输出"1"，同时经电流判别或门 5 输出"1"，与门 27 输出"1"，或门 14 输出"1"，同时重合闸充满电，与门 15 输出"1"，经单重延时至或门 25 发出合闸脉冲和加速跳闸脉冲。

（2）三相重合闸。CH1、CH2 同时为"1"时，与门 11 输出"1"，经或门 20 重合闸"放电"，重合闸停用。仅 CH1 为"1"时，为三重方式，与门 28 输出"1"，将保护置三跳方式。仅 CH2 为"1"时，为综重方式。

在三重或综重方式时，或门 10 输出"1"。线路故障断路器三相跳闸，三相都无电流或门 2 无输出，KTW 不对应启动，与门 7 输出"1"，与门 9 输出"1"，与门 13 输出"1"至与门 16，同时重合闸充满电，与门 16 输出"1"，根据软件设置可不检同期直接重合，或检无压重合，或检同期重合。满足条件或门 24 输出"1"，经三重延时至或门 25 发出合闸脉冲和加速跳闸脉冲。

满足同期合闸条件是线路有压，高定值电压元件 UH 动作，同时母线和线路相位差在规定范围内 SYN 动作。

满足无压合闸条件是线路无压，低定值电压元件 UL 不动作。

第三节　自动重合闸动作时限整定及与保护的配合

一、自动重合闸动作时限的整定

《技术规程》对自动重合闸装置的动作时间有以下规定：

（1）对单侧电源线路的三相重合闸装置，其时限应大于下列时间：

1）故障点灭弧时间（计及负荷侧电动机反馈对灭弧时间的影响）及周围介质去游离时间；

2）断路器及操动机构准备好再次动作的时间。

（2）对双侧电源线路上的三相重合闸及单相重合闸装置，其动作时限除应考虑上述要求外，还应考虑：

1）线路两侧继电保护以不同时限切除故障的可能性；

2）故障点潜供电流对灭弧时间的影响。

（3）电力系统稳定的要求。重合闸时间整定既要力争重合闸成功，并保证在重合过程中故障处有足够的断电时间，又要满足系统稳定的要求。断电时间在这里是指故障点电弧熄灭的时间与故障点去游离时间之和。它与故障电流大小、有无潜供电流、风速、空气、温度等条件有关。断路器跳闸熄弧后的恢复，及其操动机构恢复原状准备好再次动作是需要时间的。这个时间实际上是与断路器跳闸，故障点开始熄弧时同时进行的。

整定规程对自动重合闸的动作时间整定原则有以下具体规定：

（1）对单侧电源线路的三相重合闸时间，除应大于故障点熄弧时间及周围介质去游离时间外，还应大于断路器及操动机构复归准备好再次动作的时间。同时 3～110kV 电网的整定规程还提出，为提高线路重合闸成功率，可酌情延长重合闸动作时间：单侧电源线路的三相一次重合闸动作时间不宜小于 1s；如采用二次重合闸，动作时间不宜小于 5s。

（2）对于双侧电源线路的自动重合闸时间，除了同样考虑单侧电源线路重合闸时间应大于故障点熄弧时间及去游离时间、断路器恢复时间外，还应考虑线路两侧保护装置以不同时限切除故障的可能性。对单相重合闸及综合重合闸方式时，还要考虑潜供电流的影响。线路发生单相故障两侧单相跳开，另外两健全相的电压通过相间电容耦合，在故障点形成的电流；且两健全相的负荷电流，通过与故障相的互感耦合，同样在故障点形成电流。这两部分电流统称为潜供电流。潜供电流延长了熄弧时间。此外，单相重合闸线路带分支变压器负荷引起的反馈电流，同样影响消弧。因此，重合闸时间也应长一些。而在三相重合闸方式中，线路上发生任何故障都是三相跳闸的。两侧三跳，三相线路均无电压、无电流，因而不存在潜供电流，重合闸的时间可以短一些。

双侧电源线路重合闸时间计算公式如下

$$t_{setmin}=t_n+t_d+\Delta t-t_k$$

式中：t_{setmin} 为最小重合闸整定时间；t_n 为对侧保护有足够灵敏度的延时段动作时间，如只考虑两侧保护均为瞬时动作，则可取为零；t_d 为断路器固有合闸时间；Δt 为裕度时间；t_k 为断电时间，可按如下取值：220kV 及以下线路三相重合闸时不小于 0.3s；220kV 线路单相重合闸时不小于 0.5s；330～500kV 线路，单相重合闸的最低要求断电时间，视线路长短及有无辅助消弧措施（如高压电扰器带中性点小电抗）而定。

3～110kV 电网的整定规程规定：多回线并列运行的双侧电源线路的三相一次重合闸，其无压检定侧的动作时间不宜小于 5s（这是为提高线路重合成功率，而酌情延长的重合闸时间）；大型电厂出线的三相一次重合闸时间一般整定为 10s。

220～500kV 电网的整定规程规定：发电厂出线或密集型电网的线路三相重合闸，其无电压检定侧的动作时间一般整定为 10s；单相重合闸的动作时间由运行方式部门确定，一般整定为 1s 左右。

上面两个整定规程都强调了电厂出线重合闸时间的要求。长达 10s 的重合闸时间是为了减少发电机大轴疲劳损伤，确保机组安全。线路重合闸方式影响发电机组运行安全，是 20 世纪 70 年代才开始提出的课题，源自美国 70 年代初连续发生的两次大型发电机组大轴损坏事故。电厂出线故障切除后，延长重合闸时间，让机组转轴有时间应力恢复，就不致遭受叠加的冲击（重合于永久性故障）。因此，在发电厂配出高压线路处，不能再采用快速三相重合闸，而采用如下方法：

（1）延长三相重合闸时间为不小于 10s。在第一次故障跳闸 10s 后，机轴的扭转振荡已趋于平静。重合于短路的冲击及再跳闸，只相当于再发生一次不重合的短路跳闸，转轴疲劳损耗不大。

（2）发电厂侧采用检定同期重合闸方式。

（3）采用单相重合闸。因为无论重合成功与否，单相短路相比其他相间短路特别是三相短路，转轴疲劳最小。还有一种变通的单相重合闸方式，即单重检线路三相有压重合方式，专用大电厂侧，以防止线路发生永久性故障时，电厂侧重合于故障，造成对电厂机组的再次冲击。

（4）不用重合闸。

重合闸要满足系统稳定的要求。一般情况下，系统中总有相当多的线路不会因重合闸不成功而影响系统稳定。凡有稳定问题的线路，重合闸必须按系统稳定要求选择最佳重合时间。我国于1981年"大连全国电网稳定会议"上，原水电部电科院提供了实际例证，充分证实了合理的重合闸时间对保证重合闸于故障后的系统稳定的有效性，并明确了"最佳重合时间"这个基本概念。

在最佳重合闸时间重合，可以赢得最大的减速面积，有利于暂态稳定。最佳重合闸时间可通过暂态稳定计算确定，且其随线路送电负荷的大小而有所变化。分析、计算结果表明，重合闸时间可以只按最大送电负荷来确定，而不必随潮流变化修正，轻负荷时最佳重合闸时间的偏离，可由送负荷的稳定裕度来弥补。这样固定了重合闸时间，一般无碍于系统稳定，却给了继电保护整定的方便。当然将来也许会出现重合闸时间随送电负荷潮流而自适应地改变的技术发展。另外，作为单相重合闸的整定时间，按线路传送最大负荷潮流的暂态稳定要求确定，而且保持这个整定时间固定不变的数值，一般在1s左右。继电保护的快速切除故障，为最佳重合闸时间提供了有利条件。

二、自动重合闸的前加速、后加速

继电保护与重合闸配合可以利用重合闸所提供的条件以加速继电保护切除故障。通常采用前加速和后加速两种方式。

1. 重合闸前加速保护

重合闸前加速保护方式一般用于单侧电源辐射形电网，重合闸装置仅装在电源侧的一段线路上，又简称为"前加速"。如图10-5所示的网络接线，假定在每条线路上均装设过电流保护，其动作时限按阶梯型原则来配合。因而，在靠近电源端保护3处的时限就很长。为了加速故障的切除，可在保护3处采用前加速的方式，即当任何一条线路上发生故障时，第一次都由保护3瞬时无选择性动作予以切除，重合闸以后保护第二次动作切除故障是有选择性的。例如故障是在线路 A—B 以外（如 k1 点），则保护 3 的第一次动作是无选择性的，但断路器 3 跳闸后，如果此时的故障是瞬时性的，则在重合闸以后就恢复了供电。如果故障是永久性的，则保护 3 第二次就按有选择性的时限 t_3 动作。为了使无选择性的动作范围不扩展得太长，一般规定当变压器低压侧短路时，保护 3 不应动作。因此，其启动电流还应按照躲开相邻变压器低压侧的短路（k2 点）来整定。

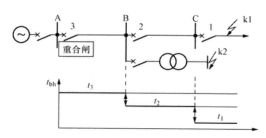

图 10-5　低压电网单侧电源线路重合闸前加速示意图

采用前加速的优点如下：

（1）能够快速地切除瞬时性故障。

（2）可能在瞬时性故障发展成永久性故障之前动作，从而提高重合闸的成功率。

（3）能保证发电厂和重要变电所的母线电压在 0.6～0.7 倍额定电压以上，从而保证厂用电和重要用户的电能质量。

（4）使用设备少，只需装设一套重合闸装置，简单，经济。

前加速的缺点是：

（1）断路器工作条件恶劣，动作次数较多。

（2）重合于永久性故障上时，故障切除的时间可能较长。

（3）如果重合闸装置或断路器拒绝合闸，则将扩大停电范围。甚至在最末一级线路上故障时，都会使连接在这条线路上的所有用户停电。

（4）在重合闸过程中所有用户都要暂时停电。

前加速保护主要用于 35kV 以下由发电厂或重要变电所引出的不太重要用户的直配线路上，以便快速切除故障，保证母线电压。

2．重合闸后加速保护

重合闸后加速保护方式，一般又简称为"后加速"，是指当线路第一次故障时，保护有选择性动作，然后进行重合，如果重合于永久性故障上，则在断路器合闸后，再加速保护动作瞬时切除故障，而与第一次动作是否带有时限无关。

"后加速"的配合方式广泛应用于 35kV 以上的网络及对重要负荷供电的送电线路上。因为在这些线路上一般都装有性能比较完备的保护装置，例如，三段式电流保护、距离保护等，因此，在重合闸以后加速保护的动作（一般是加速第Ⅱ段的动作，有时也可以加速第Ⅲ段的动作，它们应是对线路末端有足够灵敏度的保护延时段。对微机零序电流保护，也可以加速定值单独整定的零序电流加速段），就可以更快地切除永久性故障。但是加速距离保护时要考虑是否要经振荡闭锁控制。在单相跳闸重合闸或虽然是三相跳闸重合闸但重合后不会发生振荡时，可以加速不经振荡闭锁控制的Ⅱ段或Ⅲ段。在三相跳闸重合但重合后有可能发生振荡的情况下只能加速经振荡闭锁控制的Ⅱ段或Ⅲ段，以防止重合后系统振荡时加速的距离Ⅱ段或Ⅲ段误动。

后加速保护的优点如下：

（1）第一次是有选择性地切除故障，不会扩大停电范围，特别是在重要的高压电网中，一般不允许保护无选择性的动作而后以重合闸来纠正（即前加速的方式）。

（2）保证了永久性故障能瞬时切除，并仍然是有选择性的。

（3）与前加速相比，使用中不受网络结构和负荷条件的限制，一般说来是有利而无害的。

后加速的缺点是：

（1）每个断路器上都需要装设一套重合闸，与前加速相比较复杂。

（2）第一次切除故障可能带有延时。

重合闸后加速送出的后加速触点（或脉冲）应是 3s 持续的，即通常所说的"长脉冲"。当"后加速"时，重合闸送出的后加速触点去执行加速保护；让被加速的零序电流加速段及灵敏Ⅰ段带 0.1s 延时，以躲开断路器三相合闸不同期。长脉冲要求达 3s，是出于以下考虑：

1）必须保证重合闸于故障未消除线路上时来得及再次跳闸。

2）重合时，有时故障有再生演变延时，如污闪。

3）应保证先合闸侧保护在对侧后合闸时不误动。0.1s 延时除加给后加速段，也加给灵敏Ⅰ段，以防断路器三相合闸不同期的零序电流引起的误动作。3s 的时间就是要保证在重合到完好线路（瞬时性故障）上时，以及对侧后合闸时不误动作。在后加速长脉冲时间内灵敏 I 段始终要带 0.1s 延时。

4）长脉冲后加速期间内，允许保护非选择性动作。

手合后加速是指手动合闸时，除闭锁重合闸外，若合于故障线路上，则保护加速跳闸，大致情况同上。

3/2 接线方式的重合闸见第十二章第四节。

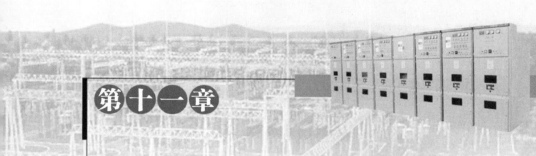

第十一章

低频减载装置及备用电源自动投入装置原理及程序逻辑

第一节　低频减载装置原理及程序逻辑

电力系统正常运行时，负荷波动将导致频率变化，可以通过一次调频和二次调频使系统频率的变化在允许范围内。调频就是调整发电机输出的有功功率，维持系统的有功功率平衡。在电力系统发生事故时，会出现发电功率小于负荷功率（即出现有功功率缺额）的情况，当缺额量超出正常热备用的调节能力时，会造成电力系统低频运行，影响电能质量，甚至破坏系统稳定。

一、低频运行的危害

（1）频率降低使厂用机械的出力下降，从而导致发电机发出的有功功率降低，使系统频率进一步降低，严重时将引起系统频率崩溃。

（2）当频率降低到46~45Hz时，因发电机转子及励磁机的转速显著下降，致使发电机电动势下降，全系统电压水平大为降低，严重时可能造成系统电压崩溃。

（3）系统频率长期在低于49.5Hz的频率下运行时，会影响电厂或系统运行的经济性，同时汽轮机叶片容易产生裂纹，当频率低至45Hz附近时，个别级叶片可能由于共振发生断裂事故。

（4）频率降低将影响某些测量仪表的准确性。

为了保证电力系统的安全运行和电能质量水平，在电力系统中广泛使用按频率自动减负荷装置。当电力系统频率降低时，根据系统频率下降的不同程度断开相应的负荷，阻止频率降低，并使系统频率迅速恢复到给定数值。从而保证电力系统的安全运行和重要用户的不间断供电。低频减载装置是一种事故情况下保证系统安全运行的重要自动装置。

二、低频减载程序逻辑原理

由于微机保护依靠增补软件很容易实现附加功能，因此线路保护中除了增加重合闸功能之外，还增加了低频自动减载的功能。低频减载程序逻辑框图如图 11-1 所示。在断路器处于合位时（KHW=1）或任一相有流时投入低频减载保护。

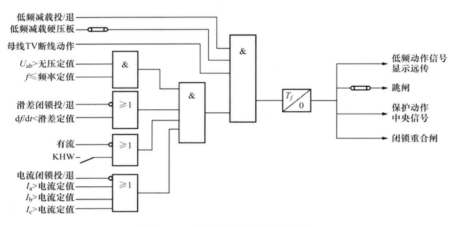

图 11-1　低频减载保护原理框图
T_f—低频减载动作时间

1. 频率的采样

微机保护可采用 CPU 的计算器测量两次电压过零之间的平均时间 t，就可以计算出系统频率值（$f=1/t$）。

2. 低压闭锁

一般低频减载带有低压闭锁（大于定值开放），在供电电源中断时，闭锁装置，以防止电压突然下降引起低频减载误动。

3. 低电流闭锁

低电流闭锁（大于定值开放）用于防止系统中大型电动机失去电源后由于惯性旋转向系统反送电造成低频减载误动。该功能可根据系统情况投退。

4. 滑差闭锁

滑差闭锁是防止当系统发生故障时，频率下降过快超过滑差闭锁定值时闭锁低频减载，防止系统故障引起频率降低使低频减载误动。运行经验表明，当频率下降速度 $df/dt<3Hz$ 时，可以认为是系统有功功率缺额引起的频率下降；

当频率下降速度 $\mathrm{d}f/\mathrm{d}t > 3\mathrm{Hz}$ 时，可以认为是负荷反馈造成的频率下降。

5. 时间延时

低频减载动作出口跳闸要经一定的延时，防止频率短时波动和系统旋转备用起作用前低频减载装置的误动。

低频减载动作出口同时，闭锁线路重合闸。母线 TV 断线时，闭锁低频减载保护。

第二节　备用电源自动投入装置原理及程序逻辑

备用电源自动投入装置是当工作电源或工作设备因故障断开后，能自动将备用电源或备用设备投入工作，使用户不停电的一种自动装置，简称备自投装置。

一、备用电源的一次接线

发电厂和变电站的备用变压器和备用线路自动投入的一次接线主要有图 11-2 所示的几种。

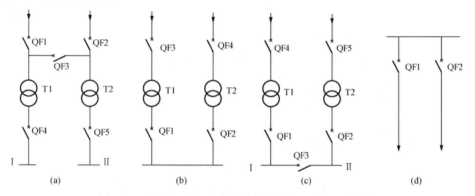

图 11-2　备用变压器和备用线路自动投入的一次接线
（a）内桥接线的桥断路器自动投入；（b）备用变压器自动投入；
（c）分段或联络断路器自动投入；（d）备用线路自动投入

图 11-2（a）高压侧为内桥接线，正常为两条线路和两台变压器同时运行，当线路故障时，故障线路断路器 QF1（或 QF2）断开，内桥断路器 QF3 自动投入。图 11-2（b）正常一台变压器 T1 运行，当 T1 故障时，备用变压器 T2 自动投入，反之亦可。图 11-2（c）为正常两台变压器同时运行，母线分段或联络断路器 QF3 断开，当任一台变压器故障切除时，QF3 自动投入，保证低压两段母线继续运行。11-2（d）为两条馈线互为备用，正常一条线路运行，当该线路故

障切除时，另一条备用线路自动投入运行。

二、备用电源自动投入装置的要求

备用电源自动投入装置用在不同场合，其接线可能有所不同，但均应满足对备用电源自动投入装置的如下基本要求：

（1）应保证在工作电源或工作设备断开后，备自投才能动作。如图 11-2（c）中，只有当 QF1 断开后，备自投装置才能动作，使 QF3 合闸。这一要求的目的是防止将备用电源或备用设备投入到故障元件上，造成备自投装置动作失败，甚至扩大事故，加重设备损坏程度。

满足这一要求的主要措施是：备自投装置的合闸部分应由供电元件受电侧断路器的辅助动断触点启动。

（2）无论任何原因工作母线电压消失时，备自投装置均应动作。图 11-2（c）中，工作母线 I（或 II）段失压的原因有：工作变压器 T1（或 T2）故障；母线 I（或 II）段故障；母线 I（或 II）段出线故障没被该出线断路器断开；断路器 QF1、QF2（或 QF4、QF5）误跳闸；电力系统内部故障，使工作电源失压等。所有这些情况，备自投装置都应动作。但是若电力系统内部故障，使工作电源和备用电源同时消失时，备自投装置不应动作，以免故障消失后恢复供电时，所有工作母线段上的负荷均由备用电源或设备供电，引起备用电源或设备过负荷，降低工作可靠性。

满足这一要求的措施是：备自投装置应设置独立的电压启动部分，并设置备用电源电压监视元件。

（3）备自投装置只能动作一次。当工作母线或出线上发生未被出线断路器断开的永久性故障时，备自投装置动作一次，断开工作电源（或设备）投入备用电源（或设备）。因为故障仍然存在，备用电源（或设备）上的继电保护动作断开备用电源（或设备）后，就不允许备自投装置再次动作，以免备用电源多次投入到故障元件上，对系统造成再次冲击而扩大事故。

满足这一要求的措施是：控制备自投装置发出合闸脉冲的时间，以保证备用电源断路器只能合闸一次。

（4）备自投装置的动作时间应使负荷停电时间尽可能短。从工作母线失去电压起到备用电源投入为止，工作母线上的用户有一段停电时间，停电时间短有利于用户电动机的自起动。但停电时间太短，电动机残压可能较高，备用电源投入时将产生冲击电流，造成电动机的损坏。运行经验表明，备自投装置动作时间以 1～1.5s 为宜，低压场合可减小到 0.5s。

此外，应校验备自投装置动作时备用电源过负荷情况，如备用电源过负荷超过限度或不能保证电动机自起动时，应在备自投装置动作时自动减负荷。如果备用电源投到故障上，应使其保护加速动作。低压启动过程中电压互感器二次侧的熔断器熔断时，备自投装置不应动作。

三、备用电源自动投入装置原理及程序逻辑

以图 11-3 所示主接线为例，实线所示为变压器自投方式，如去除 T1、T2 两台变压器，改为线路，加入虚线部分线路电压互感器，可变为进线自投方式。

此接线方式有 4 种自投方式。方式 1 为变压器 T1（线路 1）运行，变压器 T2（线路 2）备用；方式 2 为变压器 T2（线路 2）运行，变压器 T1（线路 3）备用；方式 3 为 QF1、QF2 合闸，QF3 分闸，Ⅰ、Ⅱ 母线分列运行，QF1 自动跳闸，QF3 自投；方式 4 为 QF1、QF2 合闸，QF3 分闸，Ⅰ、Ⅱ 母线分列运行，QF2 自动跳闸，QF3 自投。U_{x1}、U_{x2} 分别为进线 1、2 电压，I_1、I_2 为两进线一相电流，用于防止 TV 断线时装置误启动。

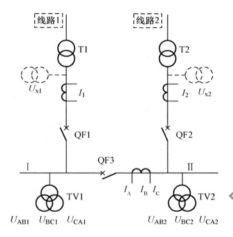

图 11-3　备用电源自投主接线

备自投动作逻辑如图 11-4 所示。图中，KBS 为装置闭锁继电器，装置正常时，触点闭合，接通+24V 电源；装置异常时触点断开，防止装置误动。KQD 为启动继电器，KTW 为跳闸位置继电器，断路器跳闸相应 KTW=1。KKK 为合后状态继电器，在手动合闸时该继电器动作并保持（KKK=1），仅手跳该继电器才复归，保护动作或开关偷跳该继电器不复归。KT 跳闸继电器，KH 合闸继电器。

1. 自投方式 1（线路或变压器备投）

（1）充电。Ⅰ母、Ⅱ母均三相有压；线路 2 有压（若检线路 2 电压控制字投入），同时 QF1、QF3 合闸（QF1-KTW=0，QF3-KTW=0），QF2 在分闸位置（QF2-KTW=1），经 15s 后 CD1=1。充电完成。

（2）放电。满足下述任一条件 CD1=0：

1）线路 2 不满足有压条件（若检线路 2 电压控制字投入）；

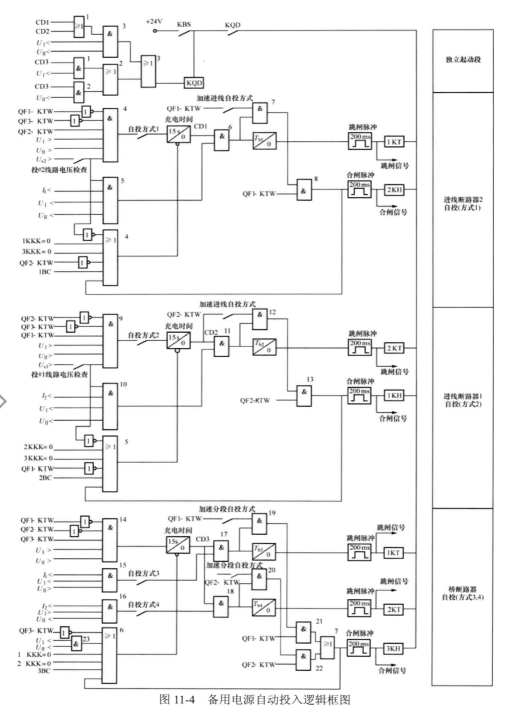

图 11-4 备用电源自动投入逻辑框图

2）QF2 合闸（QF2-KTW=1）；

3）QF1 手动跳闸（QF1-KKK=0）；

4）QF3 手动跳闸（QF3-KKK=0）；

5）其他外部闭锁信号 1BC=1；

6）QF1 或 QF2 或 QF3 的 KTW 异常；

7）备自投启动发出跳闸命令以后，相关断路器拒动，即 KTW1=0。

（3）动作过程。当充电完成后，Ⅰ母、Ⅱ母均无压启动（三相电压均小于无压定值），U_{x2} 有压（功能投入时），I_1 无流，与门 6 输出"1"，延时 T_{b1} 跳开 QF1，确认 QF1 跳开后，QF1-KTW=1，与门 8 输出"1"合 QF2。若"加速进线自投"控制字投入，当备自投启动后，若 QF1 主动跳开（QF1-KTWJ=1），与门 7 输出"1"，则不经延时空跳 QF1，QF1-KTW=1，与门 8 输出"1"合 QF2。

2. 自投方式 2（线路或变压器备投）

与自投方式 1 逻辑类似。见图 11-4 进线断路器 1 自投方式。

3. 自投方式 3、4（桥断路器自投）

（1）充电。Ⅰ母、Ⅱ母均三相有压，同时 QF1、QF2 合闸（QF1-KTW=0，QF2-KTW=0），QF2 在分闸位置（QF3-KTW=1），经 15s 后 CD3=1。充电完成。

（2）放电。满足下述任一条件 CD3=0：①QF3 在合位（QF3-KTW=0）；②Ⅰ、Ⅱ母均无压；③手跳 QF1 或 QF2（KKK1 或 KKK2=0）；④其他外部闭锁信号，如变压器内部故障等（3BC=1）；⑤QF1 或 QF2 或 QF3 的 KTW 异常；⑥备自投启动发出跳闸命令以后，相关断路器拒动，即Ⅱ母暗备用时，KTW1=0，Ⅰ母暗备用时，KTW2=0；⑦整定控制字不允许分段（桥）开关自投。

（3）动作过程：Ⅰ母无压，进线 1 无流，Ⅱ母有压，与门 17 输出"1"，延时 T_{b3} 跳开 QF1，确认 QF1 跳开后，QF1-KTW=1，与门 21 输出"1"合 QF3。若"加速桥（分段）自投"控制字投入，则当备自投启动后，若 QF1 主动跳开（QF1-KTW=1），与门 19 输出"1"，则不经延时空跳 QF1，与门 21 输出"1"合 QF3。

四、备用电源自动投入装置定值整定

定值整定主要是电压鉴定元件的整定。变压器电源侧自动投入装置的电压鉴定元件按下述规定整定：

（1）低压元件。应能在所接母线失压后可靠动作，而在电网故障切除后可

靠返回。为缩小电压元件动作范围，低电压定值宜整定得较低，一般整定为0.15～0.3 倍额定电压；如母线上接有并联电容器，则低电压定值应低于电容器低压保护电压定值。

低压元件可由两个电压元件相与组成，两个电压元件的电压可取自同一组电压互感器的不同相别，也可取自不同的电压等级或所用电系统。

（2）有压检测元件。应能在所接母线电压正常时可靠动作，而在母线电压低到不允许自投装置动作时可靠返回。电压定值一般整定为 0.6～0.7 倍额定电压。

（3）动作时间。电压鉴定元件动作后延时跳开工作电源，其动作时间应大于本级线路电源侧后备保护动作时间；需要考虑重合闸时，应大于本级线路电源侧后备保护动作时间与线路重合闸时间之和，同时还应大于工作电源母线上运行电容器的低压保护动作时间。

（4）备用电源投入时间。如跳开工作电源时需联切部分负荷，或联切工作电源母线上的电容器，则投入时间可整定为 0.1～0.5s。

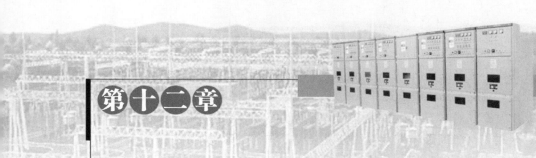

500kV 变电站保护配置

第一节　500kV 变电站的特点及与保护有关的二次回路

一、500kV 变电站的特点

500kV 变电站一般都处于系统的枢纽地位，担负着地区供电和系统联络的双重任务，变电站事故或故障将直接影响主网的安全稳定运行。对 500kV 变电站，要求保护动作速度快，整个故障切除时间小于 100ms，全线故障时，保护动作时间一般要小于 50ms。500kV 变电站主变压器容量大，约为 220kV 变电站的 5～8 倍；出线回路多，一般有 500kV 出线 4～10 回，220kV 出线 6～14 回；在变电站低压侧装有大容量的无功补偿装置。500kV 系统容量大，长距离输电线路电感对电阻比值大，系统短路故障时，非周期分量衰减时间长，为了提高系统稳定性，要求保护动作速度快，因此保护必须工作在暂态过程中，需用暂态电流互感器。500kV 系统线路一般较长，负荷重，在长距离重负荷线路上，特别是弱电源侧，可能出现短路电流较小，甚至小于负荷电流的情况，要求保护应具有较高的灵敏度。500kV 线路有许多同杆并架双回线，因其输送容易大，发生区内异名相跨线故障时，不允许将两回线同时切除，否则将影响系统的安全运行。500kV 线路分布电容大，必须考虑分布电容电流明显增大所产生的各种影响。线路空投时，末端电压升高，需考虑加装并联电抗器；非全相运行时，电容电流会使线路两侧电流的幅值和相位产生差异；在单相重合闸过程中还会导致潜供电流增大，影响电弧熄灭及重合闸时间，为限制潜供电流，中性点要加小电抗器。

二、500kV 配电装置的电气主接线

500kV 变电站一般都处于系统的枢纽地位，500kV 侧配电装置的电气主接

线与 330kV 及以下电压等级配电装置相比，最主要的区别是它对主接线的可靠性提出了更高的要求。220～500kV 变电站设计技术规程中规定，330～500kV 配电装置的最终接线方式，当线路、变压器等连接元件总数为 6 回及以上，且变电站在系统中具有重要地位时，宜通过技术经济比较确定采用一个半断路器或双母线分段接线，在确因系统潮流控制、限制短路电流、分片运行需要的情况下，经经济技术论证后，可在一个半断路器接线中装置母线分段断路器。现已投运的 500kV 变电站，500kV 部分绝大多数采用的是 3/2 断路器接线方式，即一个半断路器接线方式。3/2 断路器接线方式如图 12-1 所示，两条母线间有三台断路器，两台断路器之间的引出线，或是线路或是变压器，统称为元件，这样的连接方式是一个完整串；如果一个元件用两台断路器连接在 I、II 母线之间的，称为不完整串；两个元件都是线路的，称为线路串；在一个完整串中一个元件是线路，另一个是变压器的，称为线路变压器串。当 500kV 电网网络加强，500kV 系统环网运行，可不再装设元件侧隔离开关，线路或主变压器停运时，不要求合环运行，同时可不配置短引线保护。

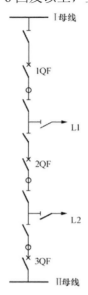

图 12-1 3/2 断路器
接线一般形式

三、3/2 断路器接线电流互感器的配置

3/2 断路器接线电流互感器的配置如图 12-2 和图 12-3 所示。500kV 母线要求双母线保护，分别用两组电流互感器。线路及变压器保护采用元件两侧电流之和构成。针对每一断路器有相应断路器失灵和三相不一致保护，使用一组电流互感器。电流互感器均采用三相接线。

电流互感器二次侧额定电流有 1A 和 5A 两种，1A 的电流互感器匝数比 5A 的大 5 倍，二次绕组匝数大 5 倍，开路电压高，内阻大，励磁电流小，制造难度大，价格略高。但 1A 的 TA 可以大幅度降低电缆中的有功损耗（降低到采用 5A 的 1/25），在相同条件下，可增加电流回路电缆的允许长度。采用 1A 时，电流互感器本身投资增加，而电流回路的控制电缆投资减少；相反，采用 5A 时，电流互感器本身投资减少，而二次电缆投资会增加。一般情况下，在 220kV 及以下电压等级变电站中，220kV 回路数不多，10～60kV 回路数较多，电缆长度较短，电流互感器二次额定电流采用 5A 是经济的。在 330kV 及以上电压等级变电站，220kV 及以上回路数较多，电缆较长，电流互感器二次额定电流采用 1A 是经济的；如果变电站保护就地配置，电流互感器二次额定电流也可采用 5A。在选择电流互感器二次额定电流时，还要考虑保护装置和测量仪表的额定电流是否与之配套。

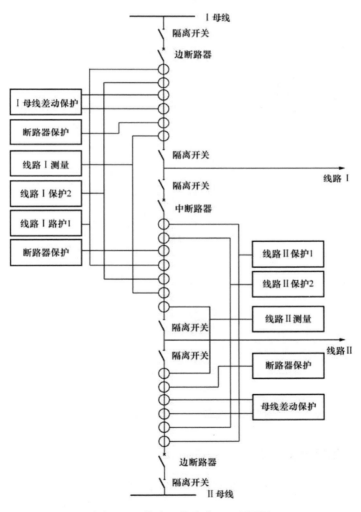

图 12-2　线路—线路串 TA 配置图

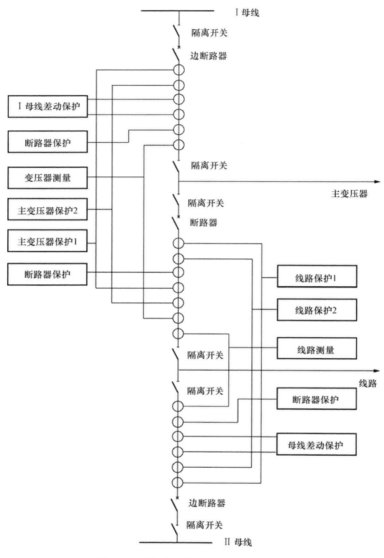

图 12-3　线路—变压器串 TA 配置图

四、3/2 断路器接线电压互感器的配置

3/2 断路器接线电压互感器的配置如图 12-4 所示。电压互感器配置的一般原则是：

（1）每回线路配置一组电容式电压互感器，作为线路保护、测量、同期用。

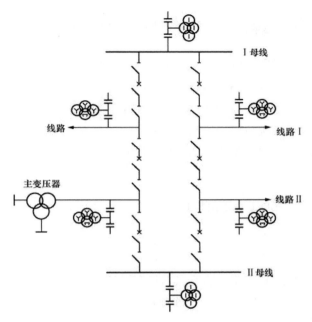

图 12-4　3/2 断路器接线方式电压互感器配置图

（2）母线电压互感器的配置，取决于母线保护和测量回路的需要。如母线保护不需要接入电压回路，为了接测量回路和同期回路，只需在母线上装设一台单相电压互感器。

（3）在变压器回路一般只装设一台单相式电压互感器，只有在变压器保护需要三相电压时，才装置三相式电压互感器。每个元件的测量、保护和自动装置的电压回路都接至该元件自己的电压互感器。不设公共的电压小母线。

500kV 电压互感器具有三个二次绕组，其中一个供测量用，两个供保护和自动装置用，两套主保护分别接在电压互感器的二个二次绕组。3/2 断路器接线每个元件的保护电压回路一般不考虑接母线电压互感器。

第二节　500kV 3/2 接线方式母线及线路保护

一、500kV 3/2 接线方式母线保护

500kV 母线往往采用 3/2 接线方式，母线相当于单母线接线方式，母线保护有如下特点：

（1）母线保护按段配置。一般仅配置母线差动保护，其保护原理与前述母差保护原理相同。

（2）在母线 TV 为单相时，母差保护不带复合电压闭锁元件。

（3）断路器失灵保护置于断路器保护中。

（4）母差保护动作不启动线路纵联保护中的发信或停信功能。因 3/2 接线方式中的母线故障仅跳与该母线相联的断路器，线路仍可继续运行，不要求线路对侧断路器跳闸；如断路器拒动，再由断路器保护中的失灵保护动作跳相应线路对侧断路器和中断路器。

二、500kV 线路保护配置原则

（1）设置两套完整、独立的全线速动保护，其功能满足：每一套保护对全线路内部发生的各种故障（单相接地、相间短路，两相接地、三相短路、非全相再故障及转移故障）应能正确反应，每套保护具有独立的选相功能，实现分相和三相跳闸，当一套停用时，不影响另一套运行。每套主保护分别使用独立的通道信号传输设备。

（2）每条线路均应配置反映系统单相接地、相间短路，两相接地、三相短路等各种类型故障的后备保护。对相间短路，配三段式距离保护；对接地故障，可装设阶段式或反时限零序电流保护，亦可采用接地距离保护并辅以阶段式或反时限零序电流保护。

（3）500kV 采用 3/2 断路器接线，线路停电断路器要合环运行时，需加短线保护。

（4）配置三相过电压保护和远方跳闸保护，作为 500kV 线路的辅助保护。

（5）两套保护的交流电流、电压、直流电源彼此独立。

（6）断路器有 2 组跳闸线圈时，每套保护分别启动一组跳闸线圈。

三、短线保护

当线路停运时，线路正常运行时的两套主保护由于其电压回路系统接在线路侧的电压互感器上，保护将因失去电压而不能工作，而线路两侧断路器还要合环运行，此时两断路器间的连线及线路隔离开关的一段短线仍为带电体，为保护这段线路必须装设短线保护。

短线保护原理为电流差动保护。电流取线路保护用 TA，保护动作瞬时使两个断路器三相跳闸，并闭锁其重合闸。

四、过电压保护

500kV 线路很长，又采用分裂导线，线路分布电容大，线路空投时，末端电压升高，线路电压升到很高会严重危害电气设备的安全。为此，一方面可在线路上装设并联电抗器，以降低电压；另一方面配置过电压保护，在线路过电压时跳本端断路器，同时通过通信通道向对端发远方跳闸信号。为了提高安全性，对端的远方跳闸保护装置接收到远跳信号后须经就地判据判别后发跳闸命令。

过电压保护可反应一相过电压，也可反应三相过电压。线路过电压保护动作延时跳开本侧相连的两个断路器并闭锁其重合闸，同时还启动本侧的远方跳闸保护发信，使对侧的远方跳闸保护收信，使对侧与线路相连的断路器跳闸并闭锁其重合闸。发远跳信号时可选择是否经本端断路器的分相跳闸位置继电器闭锁，若经跳闸位置闭锁，在 3/2 接线线路的边断路器和中断路器都断开，且线路无电流才向对端发远方跳闸信号。分相跳闸位置继电器闭锁接线如图 12-5 所示。当过电压返回时，发启动远跳命令也返回。

| KTW 1A | KTW 1B | KTW 1C | KTW 2A | KTW 2B | KTW 2C | 跳闸位置开入 |

图 12-5　跳闸位置接线方式

五、远方跳闸保护

远方跳闸的作用是：①与线路的过电压保护配套使用，以迅速清除线路的过电压故障；②与断路器失灵保护配套使用，用来清除线路对侧送来的故障电流；③与线路并联电抗器的保护配套使用（电抗器没有专用的断路器），当本侧电抗器故障时，用来清除线路对侧送来的故障电流。

远方跳闸保护必须分装在线路的两侧，由一侧的发信和另一侧的收信配对，组成单发单收通信网络。远方跳闸保护可以采用专用通道，也可以采用复用通道。为了监视通道完好性，远方跳闸保护在线路正常运行情况下，一律由发信侧发出导频，当对侧收此导频后，表示通道处于完好工作状态。当此导频消失后，远方跳闸保护（收信端）可开放 100ms，此期间若有外加保护启动信号到来，便可输出跳闸信号；若无外加保护启动信号出现，开放期过后即将远方跳闸保护自身闭锁，并发出装置故障信号，通知值班人员进行相应处理。

为了提高远方跳闸保护的安全性，避免装置收到错误远方跳闸信号而误动，一般加有就地判据。当保护装置收到远方跳闸信号并且本端就地判据同时动作，才能发跳闸命令。远方跳闸保护就地判据一般有电流变化量，零、负序电流，零、负序电压，低电流，分相低功率因数，分相低有功功率等。各判据可根据需要，通过保护装置定值单中相应的控制字进行投退。

当本端断路器在合闸位置，对端断路器断开，线路处于充电状态，本端流过的电流只是本线路的电容电流，不输送有功功率，因此会出现低电流，三相低功率。系统发生接地短路会有零序电压、电流分量。发生两相短路不会有负序电压、电流分量。

六、远方跳闸及过压保护逻辑

远方跳闸及过电压保护动作逻辑如图 12-6 所示。

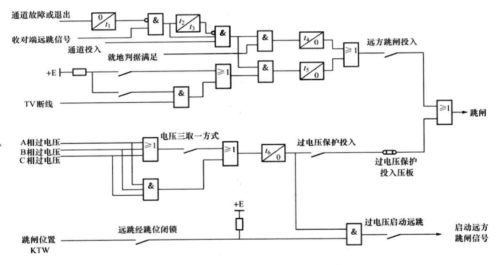

图 12-6　远方跳闸及过电压保护逻辑框图

第三节　500kV 电力变压器保护

一、500kV 变压器的特点

（1）变压器工作电压高，容量大，一般容量 750MVA，为 220kV 变电站的 5～8 倍，在电网中的地位特别重要。

（2）变压器故障或其保护误动造成变压器停电，将引起重大经济损失。

（3）变压器造价高，组装、拆卸工作量大，抢修时间长。

（4）500kV 电力变压器的低压侧，一般装有大容量无功补偿装置。大容量的电容器在变压器内部故障时，将提供谐波电流，影响保护动作的正确性。

（5）高压大电网的出现，大容量机组增加，电力系统短路电流幅值增大，非周期分量衰减慢。短路的暂态时间长，其保护必须在变压器故障的暂态过程中动作，因此，用于主变压器保护的 TA、TV 必须适合暂态工作条件。

（6）500kV 变压器体积大，重量大，为了减少重量，提高材料的利用率，降低造价，其工作铁芯磁通密度高（一般在 1.7t 以上），铁芯采用冷轧硅钢片，磁化曲线硬，变压器过励磁时，励磁电流增加大，过励磁对变压器影响大。

（7）500kV 变压器多为单相自耦式变压器，变压器中性点必须直接接地运行。

二、500kV 变压器保护配置

（1）变压器电气量主保护配置：变压器差动保护，包括比率制动式差动保护、差动速断、比率制动式分侧差动保护、零序比率制动式差动保护。

（2）变压器相间后备保护：复压（方向）过电流保护、阻抗保护、过电流保护。

（3）变压器接地后备保护：零序（方向）过电流保护、间隙零序保护、零序过电压保护、接地阻抗保护等。

（4）变压器非电量类保护：可配置轻瓦斯、重瓦斯、温度、油位、压力异常、压力释放、冷却器全停等保护。根据具体变压器保护配置的需要，可选择相应的保护。

另外，变压器还应配置反应变压器过励磁的过励磁保护，变压器过负荷保护和变压器过负荷引起的通风启动及有载调压闭锁等。对于自耦变压器，公共绕组还配置有过电流保护、零序过电流保护、过负荷保护。

其中比率制动式差动保护及差动速断，复合电压（方向）过电流在第七章中已讲述过，此处不再重复。

三、差动保护

1. 分侧比率制动差动保护

分侧差动保护是将变压器的各侧绕组作为被保护对象，在各侧绕组的两侧设置电流互感器而实现的保护。其基本原理是：在正常运行、外部故障和空载时流入变压器各侧绕组的电流与流出该绕组另一侧的电流相等，流入差动继电器的差流为 0，保护不误动。当内部故障时流入差动继电器中的电流等于故障电流，保护动作于跳闸。原理接线见图 12-7。

变压器分侧比率制动差动元件按相设置，其动作特性与比率式纵联差动元件动作特性相似，只是定值不同。

（1）保护优点：①保护不受变压器励磁电流、励磁涌流、带负载调压及过励磁的影响；②与变压器纵差保护相比，其动作灵敏度高、构成简单（不需要设置涌流闭锁元件及差动速断元件）。

（2）保护缺点：①变压器分侧差动保护只能用于每一绕组有两个引出端子的单相变压器，一般只适用于 500kV 及以上电压等级的变压器，330kV 及以下电压等级的变压器通常都是三相变压器，分侧差动保护不能适用；②分侧差动保护不能保护变压器绕组常见的匝间短路，不能完全代替变压器比率差动保护，必须与变压器比率差动保护一起构成变压器的主保护。

在三绕组自耦变压器上，可实现将高压侧、中压侧绕组作为保护对象的高、中压侧分相差动保护。其接线如图 12-8 所示。

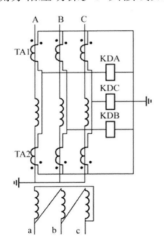

图 12-7　变压器高压侧分侧
差动保护原理接线示意图

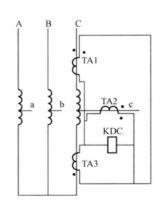

图 12-8　三绕组自耦变压器高、
中压侧差动保护原理接线示意图

分侧差动保护，要求变压器的每侧绕组装电流互感器，这对 500kV 电力变压器的高、中压侧可以做到。

低压绕组可以不装差动保护，原因是：①低压侧为小电流接地系统，单相故障不跳闸，500kV 变压器为单相式，内部不可能有相间短路；②500kV 变压器高、低、中低绕组之间阻抗大，低压侧短路对系统影响不大。

一般在低压侧配置电流速断。

2. 比率制动式零序差动保护

单相式超高压大型变压器绕组的短路类型主要是绕组对铁芯（即地）的绝缘损坏，即单相接地短路，相间短路（指箱内故障）可能性极小。由于单相短路时变压器比率差动保护的灵敏度不高，为了提高单相接地故障的灵敏度，应配置零序差动保护。变压器零序差动保护是变压器大电流系统侧内部接地故障的主保护。YNd11 变压器零序差动原理接线如图 12-9 所示，自耦变压器的零序差动保护原理接线如图 12-10 所示。

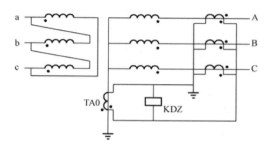

图 12-9 YNd11 变压器零序差动保护接线原理接线示意图

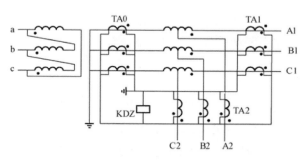

图 12-10 自耦变压器零序差动保护接线原理接线示意图

零序差动保护的优点：①零序差动保护对接地短路故障的灵敏度比相间短路变压器差动保护的高，零序差动保护的动作电流与变压器调压分接头的调整无关；②变压器空载合闸时的励磁涌流对零序差动保护而言是穿越性电流，理论上没有差动回路的不平衡电流，但考虑各侧电流互感器暂态特性不可能完全一致，励磁涌流的影响较小；③零序差动保护装置简单、可靠。

零序差动保护的缺点：①由于正常运行时中性点无零序电流，因此中性点侧的 TA 极性不容易校验；②零序差动保护只能反应接地短路故障，不能完全代替变压器比率差动保护，必须与变压器比率差动保护一起构成变压器的主保护。

微机保护中，自耦变压器各侧零序电流由自产得到。公共绕组侧的零序电流采用三相绕组 TA0 的电流自产得到，而不是采用接地中性线上的零序 TA 电流，这样可以避免中性点侧的 TA 极性不易校验的问题。

零序比率差动保护差动电流 $I_{0d} = \left| \dot{I}_{01} + \dot{I}_{02} + \dot{I}_{03} \right|$，$\dot{I}_{01}$、$\dot{I}_{02}$、$\dot{I}_{03}$ 分别是公共绕组、高、中压侧零序电流。

零序比率差动保护制动电流 $I_{0r} = \max \left\{ \left| \dot{I}_{01} \right|, \left| \dot{I}_{02} \right|, \left| \dot{I}_{03} \right| \right\}$

当零序差动元件的启动电流 $I_{0.OP.min} \leqslant 0.5 I_N$（$I_N$ 为额定电流）时，零序比率差动保护动作方程为

$$\begin{cases} I_{0d} > I_{0.OP.min} & I_{0r} \leqslant 0.5 I_N \\ I_{0d} > K_{0r}(I_{0r} - 0.5 I_N) + I_{0.OP.min} & I_{0r} > 0.5 I_N \end{cases} \qquad (12\text{-}1)$$

当零序差动元件的启动电流 $I_{0.OP.min} > 0.5 I_N$（I_N 为额定电流）时，零序比率差动保护动作方程为

$$\begin{cases} I_{0d} > I_{0.OP.min} & I_{0r} \leqslant I_N \\ I_{0d} > K_{0r}(I_{0r} - I_N) + I_{0.OP.min} & I_{0r} > I_N \end{cases} \qquad (12\text{-}2)$$

式中：K_{0r} 为零差比率制动系数，一般可取 0.5。

四、阻抗保护

500kV 变压器通常采用三绕组变压器或自耦变压器，考虑到运行中可能出现一侧断开，只有两侧运行的情况，所以在高、中压侧需配置阻抗保护，作为本侧母线故障和变压器部分绕组故障的后备保护。阻抗元件采用带偏移特性的相间、接地阻抗元件，保护相间和接地故障。由于偏移特性的阻抗元件在两侧短路都有保护范围，其指向变压器方向的保护范围不能伸出另外两侧的母线，作为变压器内部部分绕组短路故障的后备；指向母线方向的保护作为相邻元件短路故障的后备。如装在 220kV 侧的阻抗保护正向保护区伸到 500kV 母线，反方向保护区不应超过 220kV 引出线阻抗保护的第一段保护范围。500kV 侧阻抗保护也采用同样原则。

带偏移特性的阻抗保护，其正向动作阻抗按变压器的阻抗整定。阻抗保护一般选用一段式，可带两个时限，以较短时限作用于缩短故障影响范围，较长时限作用于断开变压器各侧断路器。当阻抗保护动作范围小，或动作时间较长可躲过系统振荡时，可不设置系统振荡闭锁，否则要设置系统振荡闭锁。阻抗保护判断 TV 断线时应自动退出，防止误动。

五、零序电流（方向）保护

对中性点直接接地运行的主电网间联络变压器，高、中压侧接地故障后备动作方向宜指向变压器。如考虑整定配合需要作为本母线的后备保护时，高、中压侧接地故障后备保护动作方向可分别指向本侧母线。保护以较短时限动作于缩小故障影响范围，以较长时限动作于断开变压器各侧断路器。对中性点直接接地的降压变压器，高压侧接地故障后备保护动作方向宜指向变压器。中压侧接地故障后备保护动作方向指向本侧母线。如有具体应用要求，高压侧接地故障后备保护动作方向也可指向本侧母线。中性点直接接地的变压器各侧零序电流最末一段，不带方向，按与线路零序电流保护最末一段配合整定。保护动作跳开变压器各侧断路器。

（一）普通三绕组 500kV 变压器接地保护

500kV 侧零序过电流保护分为两段，Ⅰ段与 500kV 出线零序Ⅰ段或Ⅱ段或快速主保护配合，带方向，方向指向母线。若 500kV 为双母线或单母分段接线，则第一时限大于线路零序Ⅰ段（或Ⅱ段或快速主保护）时限，跳母联或分段断路器，第二时限跳 500kV 侧断路器。第三时限跳主变压器各侧断路器；若为 3/2 断路器接线，第一时限大于线路零序Ⅰ段（或Ⅱ段或快速主保护）时限，跳 500kV 侧开关断路器，第二时限跳主变压器各侧断路器。Ⅱ段与 500kV 相邻线路零序过电流后备段相配合，不带方向。保护动作跳主变压器各侧断路器。

220kV 侧零序过电流保护。500kV 变压器 220kV 中性点是采取分级绝缘的，允许直接地运行和经间隙接地运行，设置中性点接地零序（方向）过电流保护和零序过电压保护。零序（方向）过电流保护，其段数和动作时间与 500kV 零序过电流相同。

零序过电流方向保护，方向元件所采用的零序电流用 500、220kV 侧电流，不用中性点零序电流。零序过电流元件可用中性点零序电流，也可用变压器出口侧零序电流。保护用零序电流的接线如图 12-11 所示。

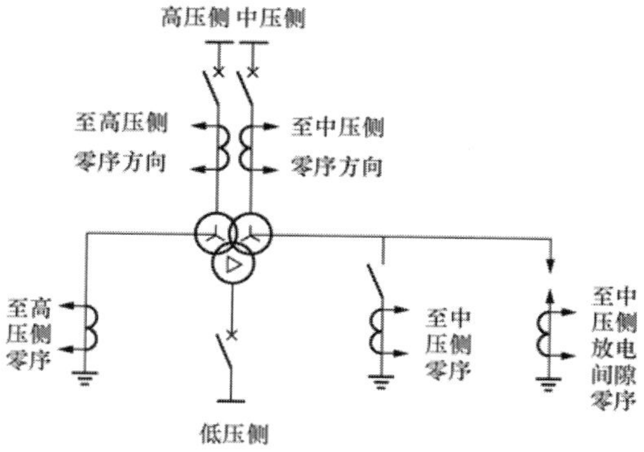

图 12-11　500kV 普通三绕组变压器零序电流接线示意图

（二）自耦变压器的接地保护

1.　自耦变压器的接地保护特点

（1）因为自耦变压器的高、中压侧不但有磁的联系，还有电的联系，两侧共用一个接地中性点直接接地，使两侧零序网络贯通。而接地中性线中零序电流的大小和相位会随系统运行方式及短路点的不同而不同。在系统不同处故障时，此处零序电流的方向也有变化。当自耦变压器断开一侧后，内部又发生单相接地时，若此时的零序过电流保护的灵敏度不符合要求时，则可在中性点侧增设零序过电流保护。

（2）自耦变压器零序电流保护需加方向元件。

（3）不需设置间隙保护。因正常运行时，由于变压器中性点是接地的，故不需设置用于保护变压器中性点的间隙保护。

2.　三绕组自耦变压器公共绕组零序电流和接地中性点的零序电流

（1）自耦变压器中压侧发生接地故障。

1）不论高压侧系统零序阻抗大小如何变化，中压侧发生接地故障时，自耦变压器高压侧零序电流实际值一定小于中压侧零序电流值，从而公共绕组实际零序电流流向是由中性点流向变压器。

2）中性点电流由地流向变压器，流向不随高压侧、中压侧系统零序阻抗大小而变化。

3）中压侧发生接地故障时，高、中压侧都存在零序电流，零序电流可从中压侧流向高压侧，也可从高压侧流向中压侧。

（2）自耦变压器高压侧发生接地故障。

1）高压侧发生接地故障时，高压侧零序电流并不一定最大，这与中压侧系统零序阻抗的大小密切相关。

2）中压侧零序电流大于高压侧零序电流时，公共绕组零序电流流向中性点，中性点电流流向地；中压侧零序电流与高压侧零序电流相等时，公共绕组和接地中性点零序电流均为零；高压侧零序电流大于中压侧时，公共绕组零序电流由中性点流向变压器，中性点零序电流由地流向变压器。

3）高、中压侧间的零序电流可以流通。

3. 自耦变压器零序电流接线

自耦变压器零序电流接线如图 12-12 所示。500、220kV 侧零序电流保护电流必须取自变压器本侧输出端 TA。自耦变压器不能利用接地中性点电流来构成自耦变压器的接地保护或零序方向电流保护。

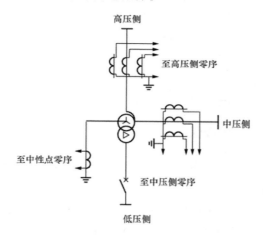

图 12-12　500kV 自耦变压器零序电流接线示意图

保护整定配置与普通三绕组变压器相同。

六、过励磁保护

根据变压器原理，绕组的感应电压 $U = 4.44 f \omega B S \times 10^{-8}$

式中：f 为频率；S 为铁芯面积；ω 为线圈匝数；B 为磁通密度，简称磁密。

对于给定的变压器，其 ω、S 为常数，则变压器的磁通密度可表示为

$$B = \frac{10^8}{4.44 \omega S} \times \frac{U}{f} = K \frac{U}{f} \qquad (12\text{-}3)$$

式（12-3）说明变压器铁芯的工作磁通密度 B 与 U/f 成正比。电压升高或频率下降，将使铁芯的工作磁通密度增加。对于 500kV 降压变压器，其所连接

的系统频率 f 基本不变，引起磁通密度增加的主要原因是系统电压的升高。在 500kV 系统中可能由于以下原因引起电压升高，使变压器产生过励磁：

（1）由于系统故障断开断路器，切除大量负荷，使变压器电压升高。

（2）500kV 线路在轻负荷时，线路并联电抗器故障切除，使 500kV 线路末端电压升高，负荷侧的变压器承受过电压。

（3）由于铁磁谐振引起谐振过电压，使变压器过励磁。

（4）由于变压器分接头调节不当引起过电压。

一般大型变压器铁芯正常工作时磁通密度比较高，接近饱和状态。因磁化曲线较"硬"，在过励磁时，铁芯饱和，励磁阻抗下降，励磁电流增加很快，当工作磁通密度达到正常磁通密度的 $1.3 \sim 1.4$ 倍时，励磁电流可达到额定电流水平。在过励磁时，励磁电流中含有许多高次谐波分量，可引起铁芯、金属构件、绝缘材料过热，若过励磁倍数较高，持续时间过长，可能使变压器损坏。所以 500kV 应装设过励磁保护。

过励磁保护的整定取决于变压器的过励磁特性。通常过励磁保护分两段定值，第一段报警，第二段延时跳闸。或用反时限特性。

七、自耦变压器过负荷保护

自耦变压器高、中、低压绕组的容量比为 $100/100/30 \sim 50$，低压侧容量比其他两侧要小，容易过负荷，因此应在低压侧设置过负荷保护。

当自耦变压器的高压侧或中压侧接有大电源时，由于运行时可能由大电源侧向其他两侧供电，该侧容易过负荷，应设置过负荷保护。

当变压器高压侧、中压侧均接有大电源时，应在三侧均装设过负荷保护。

八、变压器非电量保护

变压器非电量保护主要有瓦斯保护、压力保护、温度保护、油位保护及冷却器全停保护。

第四节　500kV 3/2 接线方式断路器保护

500kV 变电站 500kV 部分绝大多数采用 3/2 断路器接线方式，在这种接线方式中除了配置线路保护（重合闸不包括在线路保护装置中）、变压器保护、母线保护外，还要设置断路器保护，且断路器保护按断路器组数配置。断路器保护有断路器失灵保护、自动重合闸、充电保护、死区保护、断路器三相不一致保护等。

一、断路器失灵保护

在 3/2 接线方式中，如图 12-13 所示，线路 I 故障，线路保护动作跳 1、2 两个断路器，如果断路器 1 拒动，失灵保护动作跳 I 母上所有断路器；如果断路器 2 拒动，失灵保护动作跳断路器 3，并发远跳信号跳线路 II 对侧断路器 8。II 母线故障，母差保护跳 II 母上所有断路器，如果断路器 3 拒动，失灵保护动作跳断路器 2，并发远跳信号跳线路 II 对侧断路器 8；如果断路器 6 拒动，失灵保护动作跳断路器 5 及主变压器各侧断路器。线路 III 故障，线路保护动作跳 4、5 两个断路器，如果断路器 5 拒动，失灵保护动作跳断路器 4 及主变压器各侧断路器。主变电量保护动作跳断路器 5、6，如果断路器 5 拒动，失灵保护动作跳断路器 4，并发远跳信号跳线路 III 对侧断路器；如果断路器 6 拒动，失灵保护动作跳 II 母上所有断路器。

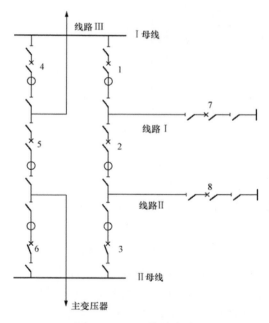

图 12-13　3/2 接线方式

综上所述，断路器失灵保护有两种情况：

（1）中间断路器拒动：该断路器失灵保护动作后跳开本串相邻的两台断路

器，并通过远方跳闸回路跳开与拒动断路器有关线路对侧的断路器或主变压器各侧断路器。

（2）母线侧断路器拒动：该断路器失灵保护动作跳开本串中间断路器，并跳开该母线上的其余断路器，并通过远方跳闸回路跳开与拒动断路器有关线路对侧的断路器或主变压器各侧断路器。

边断路器的失灵保护由母线保护或线路保护（变压器保护）或充电保护启动，失灵保护动作后以较短延时再跳一次本断路器，再延时跳中断路器和失灵断路器运行母线上的所有断路器。如果连接元件是线路，应启动该线路的远跳。如果连接元件是变压器，应启动变压保护的跳闸继电器跳变压器各侧断路器。

中断路器的失灵保护由线路或变压器保护或充电保护启动，失灵保护动作后以较短延时再跳一次本断路器，再延时跳两个边断路器。如果连接元件是线路，应启动该线路的远跳；如果连接元件是变压器，应启动变压保护的跳闸继电器跳变压器各侧断路器。失灵保护动作逻辑如图 12-14 所示。

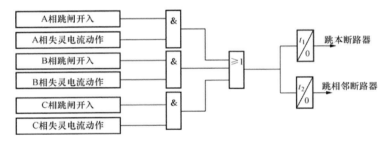

图 12-14　失灵保护动作逻辑

二、自动重合闸

在 3/2 断路器接线方式下，线路故障时，要断开两台断路器。在重合时，为了减少断路器的动作次数，缩短永久性故障的切除时间，在故障断开后，一般采用先合边断路器后合中断路器方式。重合闸时，先合断路器合闸成功后，经一定时间延时后再合另一断路器。如果先合断路器重合不成功，线路保护动作并同时向两台断路器发出跳闸命令，不再重合；如果先合断路器拒合，后合断路器仍能合闸。采用先重合边断路器后重合中断路器原因是，当故障为永久性的，先合边断路器应再次动作跳闸，如果边断路器拒动，失灵保护动作跳相应母线上的所有断路器，其他支路仍可继续运行；如果先合中断路器，如果中断路器拒动，失灵保护动作跳另一边断路器和同串另一线路对侧断路器（或同串主变压器各侧断路器），造成停电范围较大。重合闸启动单重、三重和沟通三跳逻辑如图 12-15 所示。

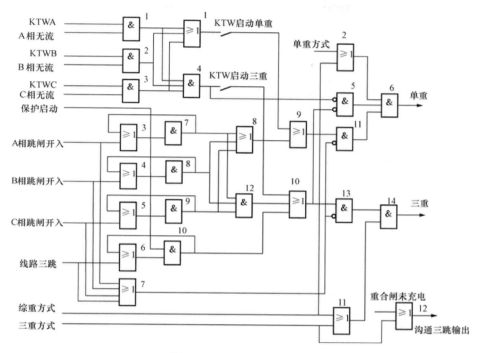

图 12-15　重合闸启动逻辑

3/2 接线重合闸动作逻辑如图 12-16 所示。先重合断路器投入"先合投入"，后重合断路器不投"先合投入"。线路故障，保护动作，相应断路器跳闸，重合闸启动。先重合断路器经或门 2，与门 6，或门 3，闭锁后合输出"1"（并在合闸命令时间内始终是 1）。先重合断路器延时或门 6 输出"1"，经"先合投入"接点至或门 7，发出合闸命令。同时后重合断路器延时或门 6 输出"1"，但有闭锁后合开入为"1"，只能经与门 10，再经后合延时 t_3，再至或门 7，发出合闸命令。当后重合断路器"后合线路有压"控制字为"1"时，要检查线路有压才能重合，以保证后合断路器重合在完好线路上。如线路是永久性故障，先合断路器重合后再次跳闸，后合断路器经或门 6，经 t_5（$t_5<t_3$ 延时），经或门 9、与门 14、与门 15，后合重合闸放电。如"后合固定"控制字为"1"，该重合闸固定为后合重合闸，不受"闭锁后合"开入量的控制，它固定以较长时间发出合闸脉冲。

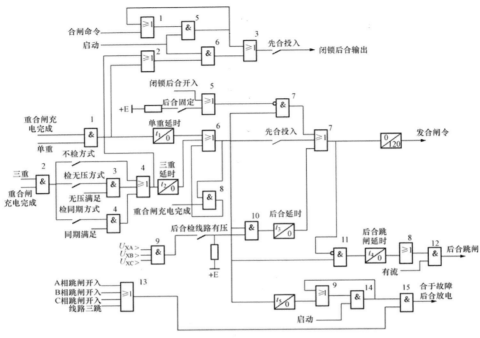

图 12-16　3/2 接线断路器重合闸逻辑

三、充电保护

充电保护实际为过电流保护，电流取本断路器 TA，当用断路器对母线等元件充电合于故障点时，充电保护动作跳本断路器。充电保护动作后还启动失灵保护，同时闭锁重合闸。

四、死区保护

图 12-17 中，在断路器 2 与 TA 之间（K2）发生短路，线路保护动作，断路器 2、3 跳闸后故障并未隔离，此故障点即位于线路保护的死区。同样故障点在断路器 1 与 TA 间（K1）、断路器 3 与 TA 间（K3）等，在速断保护动作跳开相应断路器后，故障仍未切除，这些故障区域即是死区故障位置。在这些死区的故障虽然可以通过断路器失灵保护动作切除，但失灵保护动作时间较长，对系统影响较大，因此设置动作比失灵保护快的死区保护。死区保护动作判据

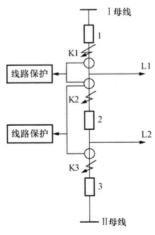

图 12-17　死区故障示意图

为：收到三跳信号，死区过电流元件动作。死区保护延时动作出口跳闸，死区保护出口与失灵保护相同。死区保护出口同时闭锁重合闸。死区保护动作逻辑见图 12-18 所示。

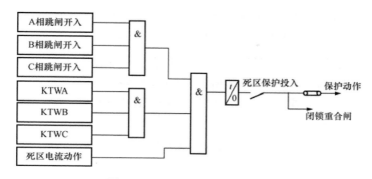

图 12-18 死区保护动作逻辑图

五、断路器三相不一致

断路器三相不一致即三相断路器只有一相或两相闭合，这样系统会处于非全相运行。非全相运行在电力系统中产生负序、零序电流，危及系统设备安全运行。为此设置断路器三相不一致保护，其逻辑框图如图 12-19 所示。KTWA、KTWB、KTWC 分别是 A、B、C 三相跳闸位置继电器。三跳位置继电器经本相有流闭锁，确保只有在三相断路器不一致时，与门 4 输出为"0"，或门 5 输出"1"，与门 7 输出"1"，延时跳本断路器，同时闭锁重合闸。三相跳闸位置继电器也可与零序或负序电流相与判断断路器三相不一致。

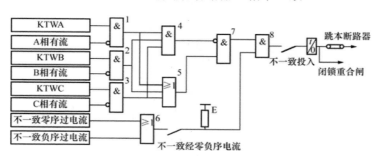

图 12-19 断路器三相不一致保护逻辑图

参 考 文 献

［1］张举. 微型机继电保护原理. 北京：中国水利水电出版社，2004.

［2］孟祥忠. 变电站微机监控与保护技术. 北京：中国电力出版社，2004.

［3］贺家李，宋从矩. 电力系统继电保护原理（增订版）. 北京：中国电力出版社，2004.

［4］江苏省电力公司. 电力系统继电保护原理与实用技术. 北京：中国电力出版社，2006.

［5］国家电力调度通信中心. 国家电网公司继电保护培训教材上下册. 北京：中国电力
出版社，2009.

［6］王延恒，贺家李，徐刚. 光纤通信技术及其在电力系统中的应用. 北京：中国电力
出版社，2006.

［7］李瑞生. 光纤电流差动保护与通道试验技术. 北京：中国电力出版社，2006.

［8］宋继成. 220～500kV 变电所二次接线设计. 北京：中国电力出版社，1996.

［9］杨新民，杨隽琳. 电力系统微机保护培训教材. 北京：中国电力出版社，2000.